图说缙云山蝴蝶

TUSHUO JINYUNSHAN HUDIE

主编 傅 礁 副主编 李树恒 侯 江 陈维礼 李雨霖

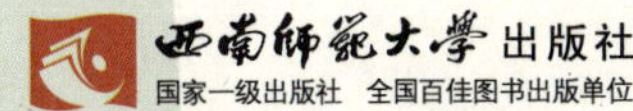

图书在版编目（CIP）数据

图说缙云山蝴蝶 / 傅礁主编. -- 重庆 : 西南师范大学出版社，2015.1

ISBN 978-7-5621-7307-6

Ⅰ. ①图… Ⅱ. ①傅… Ⅲ. ①蝶—重庆市—图解 Ⅳ. ①Q964-64

中国版本图书馆CIP数据核字(2015)第030943号

图说缙云山蝴蝶

TUSHUO JINYUNSHAN HUDIE

主编 傅礁

责任编辑：秦路

书籍设计：尚品视觉 CASTALY 周 娟 廖明媛 涂 敏

出版发行：西南师范大学出版社

地址：重庆市北碚区天生路2号

邮编：400715

http://www.xscbs.com

印　刷：重庆高迪彩色印刷有限公司

开　本：787mm×1092mm　1/16

印　张：9

字　数：207千字

版　次：2015年4月第1版

印　次：2015年4月第1次

书　号：ISBN 978-7-5621-7307-6

定　价：68.00元

《图说缙云山蝴蝶》编写委员会

主　编：傅　礁

副主编：李树恒　侯　江　陈维礼　李雨霖

采集制作：傅　礁

摄　影：傅　礁

科学顾问：邓合黎　刘文萍　万继扬

编委会主任：陈维礼

编委会副主任：李雨霖

编　委：（按姓氏拼音排序）

曹　阳　邓先宝　邓志豪　丁历黎　范书春　何世明　胡　雕　霍　建

李　芳　李　健　李　静　廖晓星　刘成伦　刘黎明　刘雪婷　刘玉芳

龙奕林　牟维斌　倪　莉　钱迎春　秦亚蓉　邵腾明　石言中　汤小琴

王江东　王世喜　王太强　汪　莉　向晶星　肖江伟　杨顺利　杨　松

易　丽　张　力　张　琪　张世新　张艳红　赵　铭　郑利梅　郑小波

郑雪莲　周春梅　周金明　周　西

序 TUSHUO JINYUNSHAN HUDIE

《图说缙云山蝴蝶》一书即将付梓，作者嘱我作序。6月24日三位作者到我研究室讲述了本书的一些故事，令我十分感动。傅礁同志在重庆市公交五公司工作，坚持缙云山蝴蝶的研究历20余年；重庆自然博物馆侯江研究馆员整理了自中国西部科学院成立以来有关缙云山蝴蝶的研究资料；朝阳小学李雨霖副校长在学校开展以蝴蝶为主题的青少年科普活动。他们的合作精神和对科学的热情感染了我，可以想象毫无资助的非专业研究者，20余年的坚守是何等困难，其成果也弥足珍贵。本书是他们辛勤合作的结晶，我祝愿他们的合作能持续发展，取得更大成绩。

蝴蝶是一个科学宝库，全世界有17000多种，其遗传多样性极为丰富，特别是色彩斑斓的翅及其在适应性上的价值，吸引了众多进化发育生物学领域的科学家，他们以蝴蝶翅为模式系统去探索生物进化发育的科学问题。上亿只北美帝王蝶每年秋末冬初向墨西哥长达数千公里的迁飞，远比非洲草原角马的大迁徙更为壮丽神奇。2011年美国科学家完成了帝王蝶全基因组测序，破解了帝王蝶长途迁飞和精准导航的千古之谜。蝴蝶的科学价值吸引了世界许多优秀的科学家去探索生命的奥秘，我相信对未来的科学家将会具有更强的吸引力。

蝴蝶是一个五色缤纷的梦幻世界，古有"庄周梦蝶""梁祝化蝶"，这些浪漫的梦幻故事几乎人人皆知。更有古往今来不计其数的以蝴蝶为题材的诗文画卷、自然景观、影视传奇，显然蝴蝶已成为人类社会精神文化的重要符号。全世界有众多的蝴蝶爱好者，特别是许多中小学以蝴蝶兴趣活动来培养学生的科学精神、提高其人文素质，我认为这是很好的选择，多一些相关的科普读物，对推动中小学科学兴趣活动开展应该是很有益处的。

缙云山蝴蝶的研究，始于20世纪20年代末、30年代初的中国西部科学院（重庆自然博物馆前身），相继有许多研究者做了不少采集和研究工作。尤其是20世纪80年代末，重庆自然博物馆等开展了缙云山蝴蝶的系统研究，在资源、区系、生态、保护等诸多方面均有不少成果。缙云山是国家自然保护区，其典型的亚热带常绿阔叶林景观生态系统，是蝴蝶生存繁衍的良好栖息地。本书在作者多年研究积累的基础上，综合了许多科学家的研究结果，收录了144种蝶类，图片400余幅，并对每种的学名、特征、习性、分布等均做了简要介绍，既可作为科学研究参考，又可作为科普读物，我相信它的出版对缙云山蝴蝶的保护和研究均会产生积极的作用。

西南大学 家蚕基因组生物学国家重点实验室

2014年6月29日于蚕学宫

前言

缙云山自然保护区是重庆主城唯一的国家级自然保护区。这里山峦环抱，景色宜人，野生动植物资源丰富，是重庆市植物基因库，也是重庆主城观蝶的最佳地点。

蝴蝶是生物链中的重要组成部分。由于它们与人类有着十分密切的关系，所以很早就有人对其进行研究。明代李时珍所著《本草纲目》就有金凤蝶幼虫可以入药的记载。蝴蝶起着传播花粉、改良植物、控制植物种群数量的重要作用。除此以外，蝴蝶还能预示环境，是仿生学、遗传学、拟态学的重要研究对象。随着缙云山周边旅游业的相继开发，人类活动加剧了这些昆虫栖息地环境的改变，蝶类的生存环境越来越恶劣，生存空间也越来越小。这些新的环境与蝴蝶的关系、与人类的关系，为国内外科学工作者、自然爱好者共同研究和关注。

今天我们编写的这本《图说缙云山蝴蝶》，涉及5科84属144种蝶类，种类约占全国蝶类总数的1/12。本书选用400余幅图片，列出中文名、拉丁名，并简要介绍其特征、习性、分布特点等。

本书在收集整理缙云山蝴蝶研究成果的基础上，以图文并茂的方式展现缙云山蝶类，强调科普性与科学性并重，希望对缙云山蝴蝶的保护起到积极的促进作用。并为从事蝶类资源调查与研究、自然保护区工作同仁以及广大自然爱好者提供参考和借鉴，以了解缙云山蝶类资源状况，识别该地区蝴蝶种类以及传播蝴蝶文化。

本书在编写过程中得到了西南大学向仲怀院士，西南大学生命科学学院教授、重庆动物学会秘书长王志坚，重庆自然博物馆郎嵩云博士等人的大力支持；得到了重庆市北碚区朝阳小学、重庆市北碚区状元小学、重庆缙云山国家级自然保护区管理局、重庆市植物园等单位的倾力赞助；得到了重庆市第五公共交通有限公司、北碚区科协的资助；得到了北碚区文化馆孙国胜老师、《重庆旅游》杂志社特约摄影师杨春华、《北碚报》记者秦廷富的帮助……在此，致以最真挚的感谢。最后，我们还要感谢西南师范大学出版社对本书的出版所做的努力。

傅 礁

2014年9月30日

目录

第一章 缙云山蝴蝶概说

JINYUNSHAN HUDIE GAISHUO

一、缙云山国家级自然保护区概况

缙云山国家级自然保护区位于重庆市北碚区嘉陵江小三峡之温塘峡西岸，距重庆市中心35千米，距北碚城区15千米。东经106°17′43″-106°24′50″，北纬29°41′08″-29°52′03″，海拔200～952.5米，面积76平方千米，乃重庆主城唯一的国家级自然保护区，是以森林植被及其生态环境所形成的自然生态系统为主要保护对象的自然保护区。具亚热带季风湿润性气候特征，年平均气温13.6℃，年平均降水量1611.8毫米。缙云山自然保护区内地带性植被亚热带常绿阔叶林保存良好，植被茂密，森林覆盖率达96.6%，保护区内峰峦叠起，山间古木参天，翠竹成林，环境清幽。其动植物资源十分丰富，是重庆市动植物基因库。

缙云山香炉峰

缙云山自然保护区良好的自然环境，孕育了众多的野生动物。保护区约有1071种野生动物，其中，陆生脊椎动物4纲22目66科207种；软体动物2纲4目21科32属65种；昆虫纲15目111科472属636种；蜘蛛纲25科163种；两栖动物1目4科8属12种；爬行动物1目7科15属21种；鸟类14目44科156种；哺乳动物6目8科16属18种。随着动物学家对缙云山的深入调查，这里的动物种类，尤其是无脊椎动物每年都会有新增记录。

缙云山自然保护区内有长江流域保存较好的典型亚热带常绿阔叶林景观和相对稳定的生态系统，保存了许多分类上孤立的、古老的、形态特殊的植物，约有植物246科992属1966种，其

缙云山植被（上 荚蒾、左下 紫背金盘、右中 紫堇、右下 野鸦椿）

缙云山植被（中华里白）

中，淡水藻类植物2科19属105种，苔藓植物45科77属109种，蕨类植物38科75属148种，被子植物152科795属1559种。国家一、二级保护植物如伯乐树、香果树、八角莲等45 种；以缙云山为模式产地的植物有缙云四照花、缙云黄芩、缙云槭等38种。这些优越的自然环境为保护区内蝴蝶的生存繁衍提供了良好的栖息地。

（以上资料由重庆缙云山国家级自然保护区管理局提供。）

二、缙云山蝴蝶调查研究简史

缙云山昆虫，包括鳞翅目蝶类的采集调查以及研究工作，始于20世纪20年代末、30年代初，工作开展主要由中国西部科学院（重庆自然博物馆前身）进行，采集调查研究人员为德国博物专家傅德利（Walter Friedrich）以及中国西部科学院助理员黄楷。据《中国西部科学院研究》载（侯江，2012）：

德国博物专家傅德利1929～1935年在北碚缙云山采集昆虫标本。傅德利1930年3月在重庆受卢作孚之邀做采集指导，为在峡区创办科学院进行标本储备。采集专员傅德利1931年夏负责中国西部科学院昆虫部的昆虫研究。

1931年7月中旬，中国西部科学院昆虫部赴缙云山采集，计得标本10余种，其中已经鉴定的鳞翅目一部分，寄出国外各科学机关交换。

1933年，中国西部科学院昆虫部采集昆虫（目的地包括缙云山），标本以鳞翅目及鞘翅目占大多数，鳞翅目标本中蝶亚目300余种3000余份；鞘翅目标本600～700种7000余份。

1934年，中国西部科学院在缙云山采集昆虫900号。

1929～1938年，中国西部科学院黄楷在康定、雅安、九龙、北碚、缙云山、金佛山等地，采集鳞翅目、鞘翅目等昆虫，部分标本存中国西部科学院。

黄楷著有《昆虫采集制作经验谈》（《工作月刊》1936年第1卷第1期、第2期、第3期、第4期，《北碚》月刊1937年第1卷第5期）、《川东北边区之采集杂记》（《北碚》月刊1937年第1卷第8期）等。

关于缙云山蝶类的采集调查研究工作自20世纪20年代末由中国西部科学院（重庆自然博物馆的前身）肇始以来，30年代是其初期发展阶段。之后的半个世纪，未见研究报道。

至20世纪80年代末期，重庆自然博物馆开始其调查研究工作，90年代中期开始发表论文，至此进入调查研究高峰，除重庆自然博物馆外，有多家机构和人员发表论文16余篇，如重庆大学资源与环境科学学院、三峡库区生态环境教育部重点实验室、西南资源开发及环境灾害控制工程教育部重点实验室、彭水县猴栗乡政府等。

研究论文，多为蝴蝶区系研究和生态研究。涉及区系研究的有：(1)《北碚地区的蝶类》（李树恒等，1995）；(2)《重庆市蝶类区系组成研究》（李树恒等，1998）；(3)《三峡库区蝶类调查报告》（刘文萍等，2000）；(4)《重庆市蝶类调查报告（Ⅰ）凤蝶科、绢蝶科、粉蝶科、眼蝶科、蛱蝶科》（刘文萍，2001）；(5)《重庆市蝶类调查报告（Ⅱ）珍蝶科、喙蝶科、蚬蝶科、灰蝶科、弄蝶科》（刘文萍，2002）；(6)《重庆蝶类区系与地理区划的探讨》（李树恒，2002）；

重庆自然博物馆蝶类调查、研究人员（左上邓合黎、右上万继扬、左下李树恒、下中刘文萍、右下侯江）

曲纹紫灰蝶♀（新增记录）

（7）《重庆市缙云山自然保护区蝶类的多样性》（李树恒，2007）。涉及生态地理的有：（1）《重庆市凤蝶科昆虫地理分布的聚类研究》（李树恒，2001）；（2）《三峡库区蝶类的生态地理分布》（李树恒等，2001）。涉及生态研究的有：（1）《城市化对蝴蝶多样性的影响：以重庆市为例》（晏华等，2006）；（2）《沿城市生境梯度的蝴蝶群落生态学研究》（晏华，2006）；（3）《重庆市都市区"三山"蝴蝶生态学研究》（左自途，2008）；（4）《缙云山国家级自然保护区蝴蝶生态学研究》（丁佳佳等，2010）；（5）《缙云山自然保护区蝴蝶群落生态学研究》（丁佳佳，2010）。涉及保护对策的有《重庆市珍稀蝶类及保护对策》（李树恒，2003）。涉及蝴蝶资源的有《重庆自然博物馆馆藏蝴蝶标本名录》（刘文萍等，2010）等。

自20世纪20年代末30年代初，中国西部科学院聘请德国昆虫学者傅德利负责昆虫部昆虫研究工作，傅德利在1929～1935年间对缙云山昆虫（包括蝶类）进行调查（这是最早对缙云山蝶类资源进行的调查），到现在已近85年的历史。至20世纪80年代末期、90年代中期，研究增多。近年来对缙云山蝴蝶的调查、研究发现，蝴蝶种类有所增加，特别是2013年至2014年间，新增蝶类记录13种。笔者将已初步查明的缙云山自然保护区蝶类加以整理，记录了5科84属144种缙云山蝶类（详见附录）。

三、缙云山蝴蝶分布特点

蝴蝶不但是人们喜欢的昆虫，还是人们了解生态环境的重要生态指标。调查缙云山蝴蝶，布设样点、样带，科学家们不知走过多少山山水水。随着缙云山周边地区的相继开发，城市化建设进程与自然环境保护的矛盾也凸显出来。对蝴蝶进行调查研究，并有序开展生态监测显得尤为重要。

缙云山优越的自然环境，为蝴蝶提供了良好的栖息地。随着气温、海拔等环境条件的不同，蝴蝶的分布呈现出不同的特点。低海拔，靠近农田、果园、溪边的蝴蝶种类最丰富。随着海拔升高，蝴蝶的种类随之减少。前山人类活动频繁的区域，蝴蝶种类相对较少。为避开人类的干扰，更多蝴蝶选择在自然环境良好，与农田接近的溪谷、灌丛生活，所以，后山的蝴蝶种类远远多于前山。

缙云山蝶类

四、缙云山蝴蝶分布区域

通过近年来对缙云山蝴蝶的调查、采集，笔者精选了几条调查线路，无论是样点还是样带，都可以做长期科学研究，进行调查对比。这对于研究缙云山蝴蝶、缙云山生态环境具有重要参考价值。

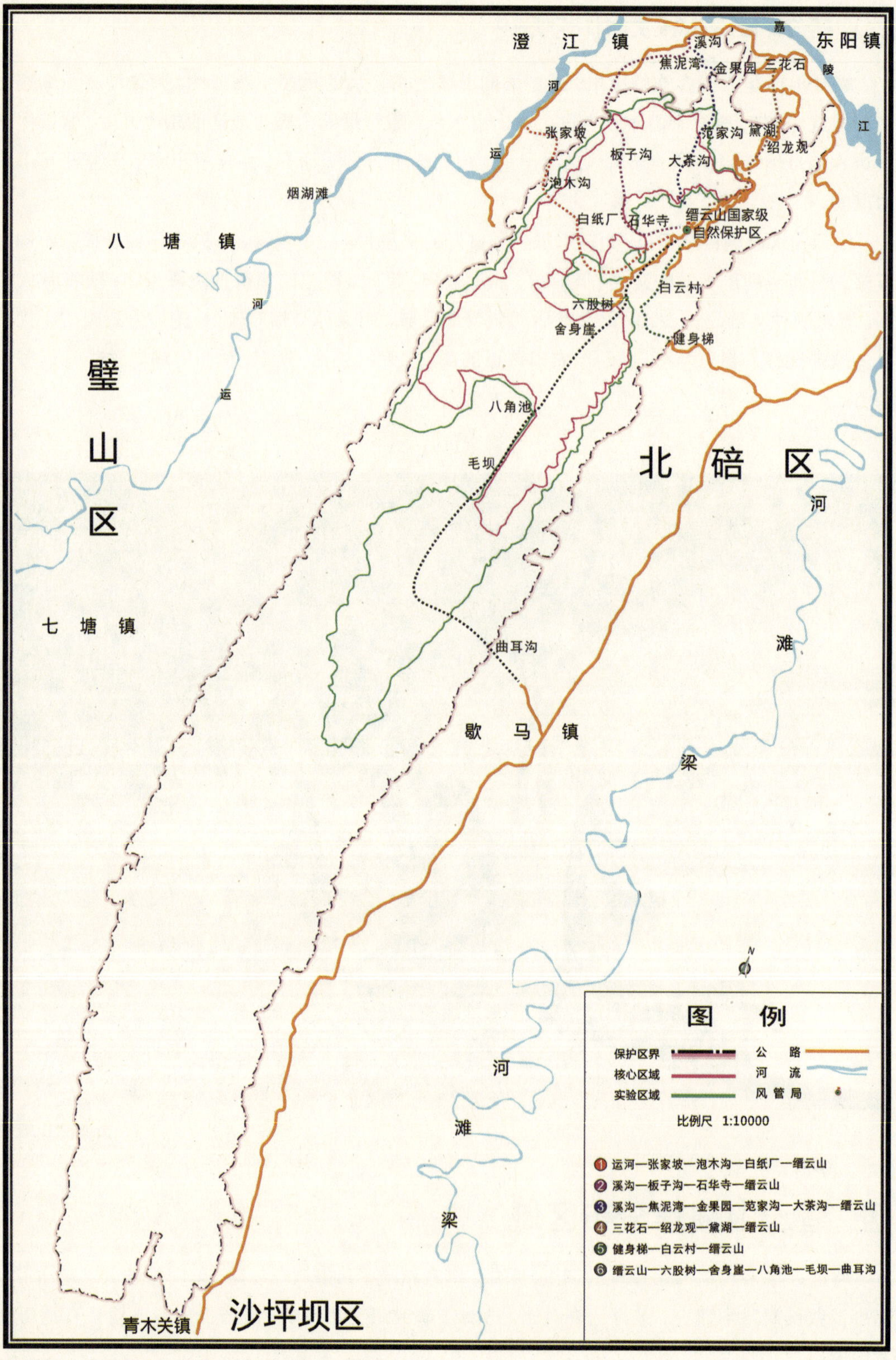

澄江镇
东阳镇
嘉陵江
溪沟
焦泥湾
金果园
三花石
运河
张家坡
范家沟
黛湖
绍龙观
板子沟
大茶沟
泡木沟
烟湖滩
白纸厂
石华寺
缙云山国家级自然保护区
八塘镇
白云村
六股树
舍身崖
健身梯
璧山区
八角池
毛坝
北碚区
七塘镇
曲耳沟
歇马镇
河滩梁
沙坪坝区
青木关镇

图例

保护区界
核心区域
实验区域
公路
河流
风管局

比例尺 1:10000

1. 运河—张家坡—泡木沟—白纸厂—缙云山
2. 溪沟—板子沟—石华寺—缙云山
3. 溪沟—焦泥湾—金果园—范家沟—大茶沟—缙云山
4. 三花石—绍龙观—黛湖—缙云山
5. 健身梯—白云村—缙云山
6. 缙云山—六股树—舍身崖—八角池—毛坝—曲耳沟

缙云山国家级自然保护区蝶类调查线路示意图

第二章

蝴蝶小知识

HUDIE XIAOZHISHI

一、最早的蝶类化石

最早的蝶类化石（摘自《兰州晨报》2007年11月14日）

最早的蝶类化石表明蝴蝶在1亿年以前已经出现，并与显花植物一起进化。

二、蝴蝶的生活史

我们通常看到的蝴蝶，是它们的成虫。蝴蝶是完全变态昆虫，在它的一生里，有4个完全不同的虫态，即4个发育阶段：卵期、幼虫期、蛹期和成虫期。卵期是蝴蝶形态最小的时期，通常蝴蝶会把卵产在植物的嫩叶上，当卵遇到合适的环境、温度时，它们就会破卵而出成为蝴蝶幼虫；幼虫期的蝴蝶通过啃食植物叶片获得营养，成长到一定阶段后，它们会不吃不喝，从而进入蝴蝶的第3个阶段——蛹期；蛹期的蝴蝶让人们充满了期待，期待它那破茧而出的神奇蝶变。成虫期是蝴蝶最美的时刻，它身着华丽的“礼服”，在花丛中翩翩起舞，不但给人们愉悦的享受，也是植物传授花粉的使者。

卵

幼虫

蛹

成虫

三、蝶与蛾的区别

蝴蝶的翅膀密布鳞片，和蛾类昆虫一起被归为鳞翅目昆虫。在鳞翅目中，蝴蝶因其触角呈锤状或棒状，被归为锤角亚目，而蛾类的触角呈丝状或羽毛状，因此被归为异角亚目。

酢浆灰蝶♀ 休息时四翅竖于背，腹部细长

金凤蝶♀ 触角锤状或棒槌状，翅型阔大

华尾天蚕蛾♂ 触角羽毛状、线状，休息时四翅平展

斜线天蚕蛾♂ 翅型大部分狭窄，腹部粗短

四、蝴蝶的季节性

某些蝴蝶虽为同种，但在不同季节，可能出现不同外形和色彩。

黄钩蛱蝶♂（春型）

黄钩蛱蝶♂（夏型）

五、蝴蝶的雌雄异型

某些蝴蝶是雌雄异型的昆虫，有些种类的雌、雄蝶翅面上的色彩、斑纹完全不同。

玉带凤蝶♂

玉带凤蝶♀

六、蝴蝶的拟态

在大自然中生活的蝴蝶，为了生存，常有模拟周围环境的能力，从而有效避开天敌。

美眼蛱蝶♂ 好像落在韭菜花上的枯叶

枯叶蛱蝶♀ 以它出色的伪装躲避天敌

睇暮眼蝶♀ 有着与周围环境相近的保护色

七、观察蝴蝶

对自然界中的蝴蝶进行观察、研究，需要选择适宜的地点和时间。蝴蝶的飞行能力很强，所以正确选择观察地点十分重要。观察时间最好选在它们取食、饮水或休息时。蝴蝶非常敏感，靠近观察时要保持安静，减少扰动，注意别让自己或同伴的影子遮住它们。有了这些经验以后，在野外就能很快获得观察蝴蝶的理想效果。

喝水的青凤蝶

采花蜜的虎斑蝶和红珠凤蝶

觅食的弄蝶

八、蝴蝶与环境

蝴蝶是人们非常喜爱的一种昆虫，它不仅可以装点庭院，美化生活，还能预示环境变化，给人们科学研究上的启迪。也有人认为蝴蝶幼虫是害虫，特别是大面积植物种植区，如麦田、稻田、人工林等，种群庞大的蝴蝶幼虫会成为危害经济作物的“害虫”。自然界中蝴蝶的幼虫，虽然啃食各种植物，但也有效地控制着这些植物种群，维护着自然界中的生态平衡。成虫更是担负着传授花粉，改良植物的重要使命。

蝴蝶和生态环境的关系就像这幅生态地图，蝴蝶种类越多的地方，生态环境就越好。

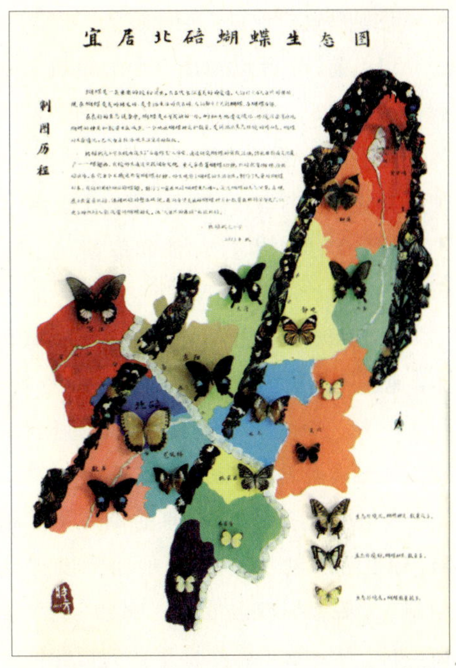

蝴蝶是重要的生态指标（状元小学石尚蝶艺工作室制作）

九、蝴蝶的故事

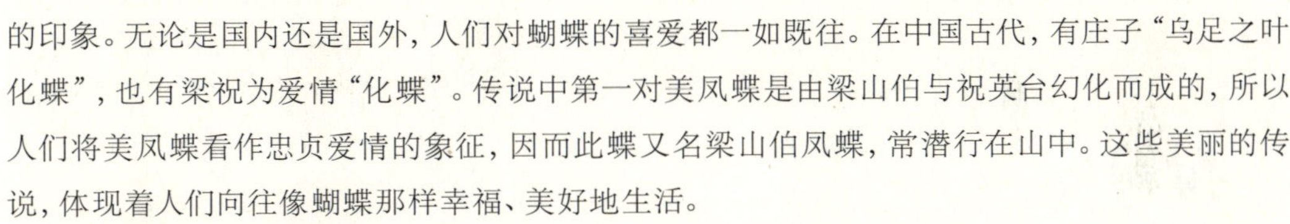

古往今来，蝴蝶在人们的心里留下了许多美好的印象。无论是国内还是国外，人们对蝴蝶的喜爱都一如既往。在中国古代，有庄子“乌足之叶化蝶”，也有梁祝为爱情“化蝶”。传说中第一对美凤蝶是由梁山伯与祝英台幻化而成的，所以人们将美凤蝶看作忠贞爱情的象征，因而此蝶又名梁山伯凤蝶，常潜行在山中。这些美丽的传说，体现着人们向往像蝴蝶那样幸福、美好地生活。

在外国，由意大利歌剧作曲家普契尼创作的歌剧《蝴蝶夫人》可谓家喻户晓。

比翼双飞的玉带凤蝶♀♂

而蝴蝶效应更是人们热议的话题。

20年前，作者傅礁是一个对蝴蝶充满期待而什么也不懂的毛头小伙子。记得第一张昆虫网就是利用废旧的裤子做的。由于网不是透明的，在捕捉到蝴蝶以后，弄坏蝴蝶翅膀那是常事。为此他经常到重庆自然博物馆请教万继扬教授怎样采集、识别蝴蝶，制作标本。万教授看到他非常真诚，也十分喜欢蝴蝶，就送给了他一张用蚊帐做的昆虫网，这是他第一次用上比较标准的网。在有空的时候，他就带着这张网上山采集。缙云山的很多小路上都留下了他的脚印和汗水。

采集蝴蝶的过程中会遇到许多有趣的事。在一次采集中，一条毒蛇偷偷地溜到傅礁的背包里。他在不知情的状况下，竟将这条毒蛇带回了家，还伸手到包里拿东西。很幸运，这条毒蛇并没有咬人。在他的卧室，毒蛇安静地陪他度过了一周。直至第二周他再次准备上山的时候，这条毒蛇才懒洋洋地爬了出来。

采的蝴蝶多了，发现有的蝴蝶虽然相似，但是颜色、外形又有区别。这个问题困扰傅礁多时，他也咨询过万教授，但他始终没有想明白。于是他给《中国蝶类志》的主编周尧先生写了一封信，希望周教授能为他解惑。两个月过去了，当他以为信件石沉大海时，周教授给他回了信，并且告诉他蝴蝶外形差异的可能性。这让他非常感动，也更加坚定了热爱蝴蝶、研究蝴蝶的信心。

付同志

来信收到。气候引起主要原因。

中国地大，各地代数也引起不同

周尧 97-12-9

《中国蝶类志》主编周尧教授给傅礁的回信

第三章

蝴蝶与艺术

HUDIE YU YISHU

一、蝴蝶标本的采集与制作

(一) 标本采集

为开展科学教育活动，老师常常带领学生到野外观察蝴蝶，通过实地教学，让学生认识、了解与蝴蝶相关的自然科学知识；并通过采集蝴蝶标本，积累科学研究的第一手资料。

北碚状元小学“石尚蝶艺工作室”学生野外采集标本

北碚状元小学“石尚蝶艺工作室”学生制作标本

北碚状元小学“石尚蝶艺工作室”学生野外采集标本

北碚状元小学“石尚蝶艺工作室”学生制作标本

取出保存的蝴蝶标本

将蝴蝶标本回软

先固定好一边的蝴蝶翅膀

再用同样的方法固定另一边蝴蝶翅膀

已固定成型的蝴蝶标本

填写好资料并装盒的蝴蝶标本（杨春华 摄）

学生制作的标本（杨春华 摄）

（二）标本制作

展翅前，视蝴蝶大小而定，先把透明的纸剪成比蝴蝶翅膀长4厘米、等宽或略窄的纸条。然后在已经回软的蝴蝶标本的胸部或背部正中垂直插入昆虫针（正向或者反向展翅），针头露出1.8厘米左右，再把蝴蝶放到展翅板上，使蝴蝶背部与展翅板平行。将昆虫针插在准备展翅的蝴蝶的腹部一侧，固定蝴蝶腹部位置。随后用镊子把蝴蝶前翅基部往上拉，直至前翅后缘和身体垂直为止，然后用纸条压住，昆虫针插入靠近前翅边缘的纸条，将前翅和纸条固定在展翅板上（切记：昆虫针不能插到蝴蝶翅膀上）。再用镊子整理后翅，让其尽量舒展，并用同样的方法固定好。在两边翅膀都固定好以后，用镊子或昆虫针调整触角的位置，并用昆虫针将其固定。展好翅的蝴蝶标本还要进行干燥处理，一般情况下应自然干燥一周左右，切忌暴晒。最后装盒，放上防腐剂，写上种名、采集时间、地点、采集人、生境、海拔等信息。

二、手绘蝴蝶

在野外观察、记录、手绘蝴蝶是对蝴蝶的生存环境、寄主植物、生理特征、外部形态的手工记录和绘画。它不仅可以帮助我们了解蝴蝶的相关知识，还能帮助我们提高自己的绘画水平。在绘画的同时，记录地点、时间、人物以及当时发生的某些小故事，从而由自然科学转化到艺术的范畴。在手绘蝴蝶时，也许我们不能一次就看清自然界中飞舞的蝴蝶，我们可以先画出休息或觅食中的蝴蝶、蝴蝶生活环境和植物，有速写功底的可以直接画蝴蝶，还可以拍照后仔细观察，再画出蝴蝶。手绘蝴蝶，先用铅笔轻轻勾勒出蝴蝶的外形，然后画出蝴蝶的脉络，再根据翅膀花纹和色泽的不同加以着色，最好选用水溶性彩色铅笔，这样画出的蝴蝶会非常逼真。配上环境、植物、文字说明，就成为一幅完整的手绘蝴蝶画。

缙云山范家沟末端有一个叫溪沟的地方，溪水清澈，环境优美，人们常常到这里涉溪、观鸟。溪边生长着许多蝴蝶成虫喜爱的显花植物，各种蝴蝶喜欢到这里尽情玩耍，是观察蝴蝶、手绘蝴蝶的好去处。

手绘蝴蝶　铁木剑凤蝶与萝卜花

手绘蝴蝶　菜粉蝶和迎春花

手绘蝴蝶　金凤蝶与矢车菊

手绘蝴蝶　橙黄豆粉蝶与非洲菊

手绘蝴蝶　柑橘凤蝶与柑橘树

三、蝴蝶画制作

蝴蝶的生命很短暂，大多数蝴蝶的成虫期为半个月左右。在蝴蝶死亡后，为了留住蝴蝶的美丽，艺术家们利用蝴蝶翅膀创作出许多精美的作品，从而让蝴蝶在画纸上重新焕发出新的生命。据史料记载，唐滕王李元婴始创蝶艺画，画材取于蝴蝶之翅，全手工剪贴而成。其技法初在宫中相承，后经滕王府幕宾太尉流传至民间。而今，蝶艺画在全国各地盛行，2005年重庆市参加全国工艺美术展获得金牌的作品中就有蝶艺画。在重庆市北碚区，蝶艺画已在2013年4月入选“北碚区非物质文化遗产”名录，本书作者傅礁作为其传承人获此殊荣。同年9月，这门民间艺术进入学校，北碚区状元小学特为傅礁设立“石尚蝶艺工作室”，指导该校学生观察蝴蝶、制作蝶艺画。这项举措将会带动更多的人学习和掌握这门民间艺术，从而让这门艺术走进千家万户，走入寻常百姓家。

蝶翅画创作过程：

第一步：准备工具

第二步：准备材料

第三步：勾画出需要制作的画面轮廓

第四步：根据画面选择所需材料

第五步：进行剪接

第六步：进行粘贴

第七步：制作中1

第八步：制作中2

第九步：落款、盖章，装裱完成作品（蝶翅画创作过程照片由杨春华 摄）

北碚状元小学“石尚蝶艺工作室”学生展示自己制作的蝶翅画作品（秦廷富 摄）

四、蝴蝶画欣赏

用蝴蝶翅膀制作的蝶艺画，向人们讲述一段段动人的故事。

2014年的秋天，缙云山下的庄稼获得大丰收。这天傍晚，老爷爷和老奶奶在自家院坝乘凉，老奶奶摇着蒲扇对老爷爷说：“老头子，你看今年我们丰收了，是不是再盖间大瓦房啊？”老爷爷抽了一口烟，对老奶奶说：“不急，不急！等明年咱攒够了钱盖栋小洋楼！”

话幸福

公园　河边

缙云山下的运河是一条清澈美丽的小河，河两岸的人们常在这里挑水、打鱼。河边栽种了很多垂柳，在河水的掩映下，如同一幅山水画卷。这里的美景吸引了许多名人来此。

运河人家1

运河人家2

运河人家3

山城两江图

踏雪寻梅

隐香屏

第四章

缙云山蝴蝶分类图说

JINYUNSHAN HUDIE FENLEI TUSHUO

一、弄蝶科 Hesperiidae

弄蝶科蝴蝶飞行迅速，喜欢安静地生活在溪边或农田。它们大部分色彩暗淡，平常人们很少注意到它们，有时甚至被误认为是蛾类。也有些弄蝶大反常态，像蛾类一样在傍晚出来活动，如黄斑蕉弄蝶等。

弄蝶图

1.绿弄蝶 *Choaspes benjamini* (Guérin-Méneville)

采集地：澄江溪沟。

采集海拔：200～850米。

采集时间：6～9月。

栖息地：溪谷、灌丛。

特征：翅展41～44毫米，雄蝶前翅正面墨绿色，雌蝶从基部至中央为淡蓝灰色，后翅臀角外缘橘红色；翅反面暗绿色，翅脉细长，后翅臀角有鲜明的橘红边环绕黑斑。

寄主：幼虫以清风藤科植物（如泡花树等）为食。

分布：中国陕西、河南、浙江、湖北、江西、福建、重庆、四川、云南、广东、广西、海南、台湾、香港；缅甸、泰国、马来西亚、越南、印度尼西亚、印度、斯里兰卡。

绿弄蝶♀

绿弄蝶♂

绿弄蝶♂

2.黑边裙弄蝶 *Tagiades menaka* (Moore)

采集地：澄江运河泡木沟。

采集海拔：240～950米。

采集时间：6～10月。

栖息地：溪谷、灌丛、阔叶林下。

特征：翅展35～40毫米，翅黑褐色至黑色，前翅斑点很小，中室端及前面各一个斑，后翅中部到后缘大片白色，外缘区黑斑互相愈合成一条宽带，白色区的边缘有几个圆形黑斑，后翅反面大部分白色，从前缘到外缘黑色圆斑游离可见。

分布：中国重庆、四川、广西、福建、海南；印度、不丹、缅甸、越南、马来西亚、印度尼西亚。

黑边裙弄蝶♀

黑边裙弄蝶♀

黑边裙弄蝶♀

黑边裙弄蝶♀

3.曲纹袖弄蝶 *Notocrypta curvifascia* (Felder & Felder)

采集地：澄江运河泡木沟。

采集海拔：240～450米。

采集时间：5～10月。

栖息地：溪谷、灌丛。

特征：翅展35～40毫米，翅黑褐色，前翅中部有1条白带，斜向排列，较宽；近顶端有2组小白斑，分别为4个和3个；后翅无斑。

寄主：山姜。

分布：中国重庆、四川、云南、浙江、香港、台湾；日本、印度、缅甸、尼泊尔、马来西亚、印度尼西亚。

曲纹袖弄蝶♂

曲纹袖弄蝶♀

曲纹袖弄蝶♂

曲纹袖弄蝶♀

曲纹袖弄蝶♀

4.腌翅弄蝶 *Astictopterus jama* (Felder & Felder)

采集地: 澄江溪沟。

采集海拔: 300～450米。

采集时间: 5～10月。

栖息地: 草丛、溪谷。

特征: 翅展25～35毫米，翅黑褐色，前翅顶端和后翅臀角均圆，翅黑褐色；后翅反面有深色条纹。春型前翅无斑；秋型前翅亚顶端有白斑。

寄主: 十字马唐、芒草。

分布: 中国湖北、江西、浙江、福建、广东、广西、重庆、四川、海南、云南；不丹、越南、缅甸、泰国、印度。

腌翅弄蝶♂ 腌翅弄蝶♂

腌翅弄蝶♀ 腌翅弄蝶♂

腌翅弄蝶♀ 腌翅弄蝶♀

独子酣弄蝶♂

独子酣弄蝶♂

独子酣弄蝶♂

独子酣弄蝶♂

5.独子酣弄蝶 *Halpe homolea* (Hewitson)

采集地：澄江溪沟。

采集海拔：260～820米。

采集时间：6～10月。

栖息地：溪谷、灌丛。

特征：翅展25～32毫米，体型粗壮，头大，眼的前方有睫毛。翅暗黑色或棕褐色，少数黄色或白色。前翅三角形，后翅卵圆形。前翅中室1个分离的白斑，后翅反面中带模糊或间断，有明显季节变化。飞行迅速而带跳跃。

寄主：禾草类。

分布：中国浙江、福建、重庆、四川、贵州、广西、海南、西藏；伊朗、印度、不丹、缅甸。

6.刺胫弄蝶 *Baoris farri* (Moore)

采集地：澄江运河。

采集海拔：200～320米。

采集时间：7～9月。

栖息地：草丛、农田。

特征：翅展35～40毫米。前翅斑纹变化较大，一般第3、4、5径脉室各有1个小斑，第1中脉室无斑，第2、3中脉室、第1肘脉室的斑逐渐加大，有2个中室斑。雌蝶在第2肘脉室有1个不透明斑，后翅无斑纹。雄蝶前翅中室内有1个横卧黑色毛丛性标，外生殖器抱握瓣有一大而弯的刺状腹突。

分布：中国河南、福建、广东、海南、重庆、四川、香港；越南、缅甸、泰国、马来西亚、印度、印度尼西亚。

刺胫弄蝶♂

拟籼弄蝶♂

7.拟籼弄蝶 *Pseudoborbo bevani* (Moore)

采集地：澄江运河。

采集海拔：220～260米。

采集时间：5～10月。

栖息地：农田、草地。

特征：翅展30～32毫米，两翅斑纹可变，雄蝶翅反面茶褐色至暗褐色，前翅有半透明小白斑数枚，后翅无斑纹；翅反面底色较浅，前翅后半部较深，有白斑数枚，无第二性特征。雌蝶体型较大，颜色略浅，斑纹与雄蝶相同，但前翅颜色均匀，白斑较多。

分布：中国湖北、浙江、福建、重庆、四川、海南、云南、台湾、香港；广泛分布于印度至澳大利亚北部。

8.无斑珂弄蝶 *Caltoris bromus* (Leech)

采集地：澄江溪沟。

采集海拔：240～350米。

采集时间：6～9月。

栖息地：灌丛。

特征：翅展38～40毫米，翅正面黑褐色，微呈橙红色，雄蝶前翅中室下有斜行黑色性标，两端膨大，无排成环状的白色斑，后翅正面只有3个白斑，反面具许多宽的浅黄色斑。

分布：中国陕西、浙江、重庆、四川、云南、台湾、香港；越南、缅甸、泰国、马来西亚、印度尼西亚、印度北部。

无斑珂弄蝶♀

放踵珂弄蝶♂

放踵珂弄蝶♂

放踵珂弄蝶♂

9.放踵珂弄蝶 *Caltoris cahira* (Moore)

采集地：澄江溪沟。

采集海拔：200～280米。

采集时间：5～10月。

栖息地：草地、灌丛。

特征：翅展35～40毫米，翅表黑褐色，为近似种中最黑，又称黯弄蝶、黑纹弄蝶。前翅中域有7个白色斑点，围成圆弧形。后翅无斑，臀角突出。翅反面赭色或赭灰色，斑点和翅表相同。雌蝶近似雄蝶，但翅形较宽。

分布：中国重庆、四川、福建、湖北、浙江、云南、广东、海南、台湾；印度、缅甸、马来西亚、越南。

10.直纹稻弄蝶 *Parnara guttata* (Bremer & Grey)

采集地：澄江运河。

采集海拔：220～820米。

采集时间：6～9月。

栖息地：农田、灌丛。

特征：翅展28～40毫米，翅黑褐色，头胸部比腹部宽，略带绿色。前翅具7～8个半透明白斑排成半环状，最大一个斑在最下边。后翅中间具4个白色透明斑，呈直线或近直线排列。翅反面色浅，斑纹与正面相同。

寄主：水稻、茭白、稗、游草、芦苇等。

分布：中国河北、黑龙江、宁夏、甘肃、陕西、山东、河南、江苏、安徽、浙江、重庆、四川、湖北、江西、广东、湖南、贵州、云南、台湾；日本、朝鲜、越南、老挝、缅甸、马来西亚、印度、俄罗斯。

直纹稻弄蝶♀

直纹稻弄蝶♂

直纹稻弄蝶♂

曲纹稻弄蝶♀

11.曲纹稻弄蝶 *Parnara ganga* Evans

采集地：澄江运河。

采集海拔：220～350米。

采集时间：6～10月。

栖息地：竹林、灌丛。

特征：翅展28～32毫米，前翅常有5个白斑，排成直角状，少有小的中室斑，通常无第1亚顶端斑。后翅翅底4个斑纹排列紧密，成锯齿状，斑纹大小不一。

寄主：竹子。

分布：中国陕西、山东、河南、浙江、江西、海南、重庆、四川、贵州、云南、香港；越南、缅甸、泰国、马来西亚、印度。

幺纹稻弄蝶♂

幺纹稻弄蝶♂

12.幺纹稻弄蝶 *Parnara bada* (Moore)

采集地：澄江运河。

采集海拔：200～600米。

采集时间：6～9月。

栖息地：农田。

特征：翅展28～32毫米，前翅长，一般中室外有6个黄白色斑点；后翅中域斑有的完全消失，有的保留1～2个斑。少数个体的两翅反面中域斑全部或一部分退化成褐色小点，但多数还能清晰可见。雄性外生殖器抱握瓣上缘锯齿状，极度隆突，至中部较远端端部宽阔。

寄主：大麦、水稻、茭白、玉米、高粱、竹子、芦苇、白蜡、稗、狗尾草等。

分布：中国北京、山西、陕西、浙江、江西、福建、重庆、四川、贵州、云南、广东、海南、台湾；印度尼西亚、马来西亚、菲律宾及非洲大部分国家和地区。

13.中华谷弄蝶 *Pelopidas sinensis* (Mabille)

采集地：澄江运河。

采集海拔：200～550米。

采集时间：5～10月。

栖息地：灌丛、农田。

特征：翅展33～38毫米，翅面黑褐色，前翅8个半透明白斑排列成半环状。顶角3个斑齐列，中域3个斑从上至下渐大，2个中室斑斜列且与外缘平行。雄性前翅正面中室下方有1白色斜线性标，后翅正面中域有4～5个白斑斜列，反面有5个斑靠近，与外缘平行，另有1个斑在基部。雌性后翅中室下方有较大的2个斑。

寄主：水稻、芒类等。

分布：中国北京、陕西、河南、山西、安徽、浙江、湖北、江西、福建、重庆、四川、广东、海南、贵州、云南、西藏、台湾；朝鲜、日本、印度及东南亚各国。

中华谷弄蝶♂　中华谷弄蝶♂

中华谷弄蝶♂

14.黄纹孔弄蝶 *Polytremis lubricans* (Herrich-Schäffer)

采集地：澄江运河。

采集海拔：200～450米。

采集时间：6～9月。

栖息地：溪谷、灌丛。

特征：翅展38～40毫米，前翅正面中室斑分开，前翅透明斑黄白色，大且相互靠近，第2肘脉室有1个斑，第2臀脉室中央通常有1个小黄斑；后翅透明斑不明显，通常只有2个，且相互靠近。

分布：中国广东、云南、海南、江西、福建、湖南、重庆、四川、贵州、台湾；印度、缅甸、越南、马来西亚、印度尼西亚。

黄纹孔弄蝶♀

黄纹孔弄蝶♀

黄纹孔弄蝶♀

黄斑蕉弄蝶♀

黄斑蕉弄蝶♀

黄斑蕉弄蝶♀

15.黄斑蕉弄蝶 *Erionota torus* Evans

采集地：澄江溪沟。

采集海拔：200～350米。

采集时间：7～10月。

栖息地：芭蕉林、农林混交地带、居民点。

特征：翅展60～65毫米，翅黑褐色。头、胸部密生褐色鳞片，触角黑褐色，近膨大处呈白色，复眼赤褐色。前翅有2个长方形黄斑，近外缘有1个较小的黄色斑纹。前后翅缘毛均呈白色。

寄主：芭蕉。

分布：中国浙江、福建、广东、广西、海南、重庆、四川、云南、台湾；印度、越南、马来西亚。

16.孔子黄室弄蝶 *Potanthus confucius* (Felder & Felder)

采集地：澄江运河狍木沟。

采集海拔：200～450米。

采集时间：6～9月。

栖息地：灌草丛。

特征：翅展22～28毫米，翅黑褐色，斑纹橙黄色。前翅正面前缘橙黄色，中室端有2个斑，下方1个向翅基延伸，顶端斑与亚外缘横带相连；后翅中域有1条横带，基部有2个斑。翅反面斑纹同正面，前翅亚外缘带外侧和后翅横带两侧有黑色斑。

分布：中国河南、湖北、浙江、江西、福建、重庆、四川、云南、广东、广西、海南、台湾。

孔子黄室弄蝶♀（正面）

孔子黄室弄蝶♀（反面）

红翅长标弄蝶♂

红翅长标弄蝶♂

红翅长标弄蝶♂

17.红翅长标弄蝶 *Telicota ancilla* (Herrich-Schäffer)

采集地：澄江运河千子门。

采集海拔：240～280米。

采集时间：8～9月。

栖息地：灌丛。

特征：翅展28～32毫米，翅正面黑色，斑纹橙黄色，脉纹极细黑色。雄性性标宽，几乎占据整个黑色中带。后翅中室有1个橙红色斑，第2臀脉呈橙红色条。

分布：中国重庆、福建、浙江、广东、广西、江西、海南、台湾；从斯里兰卡到巴布亚新几内亚、澳大利亚均有分布。

18.紫翅长标弄蝶 *Telicota augias* (Linnaeus)

采集地: 澄江运河泡木沟。

采集海拔: 240～260米。

采集时间: 8～9月。

栖息地: 溪谷。

特征: 翅展32～36毫米，翅橙黄色。前翅第5径脉室黄斑与第1中脉室黄斑重叠。后翅黄斑进入第5径脉室。翅反面紫色。雄性的性标在黑色带的中央。触角端部呈尖钩状。飞行迅速且带跳跃。

分布: 中国重庆、福建、广西、海南；越南、泰国、缅甸、马来西亚、菲律宾、印度尼西亚、澳大利亚。

紫翅长标弄蝶♀

紫翅长标弄蝶♂

紫翅长标弄蝶♂

紫翅长标弄蝶♂

二、凤蝶科 Papilionidae

凤蝶科蝴蝶是蝶中的皇后。凤蝶科蝴蝶体型普遍较大，它们不仅有漂亮的翅膀，还有婀娜的舞姿。它们需要更多的阳光和花蜜，它们在阳光下翩翩起舞，深受人们的喜爱。关于这类蝴蝶，还有许许多多动人的传说。传说中梁山伯与祝英台化成的蝴蝶，就是本科的美凤蝶。

凤蝶图（金凤蝶♀）

1.小黑斑凤蝶 *Chilasa epycides* (Hewitson)

采集地：澄江溪沟。

采集海拔：240～380米。

采集时间：3～4月。

栖息地：农林。

特征：翅展65～75毫米，翅黑褐色。前翅表面中室有4条辐射状黄白色条纹，各室各有1条黄白色条纹，亚外缘有1列黄色斑；后翅表面亚外缘有2列黄色斑，各室条纹似前翅。雄蝶后翅内缘上翻，易与雌性区别。

寄主：大叶钓樟、山胡椒、樟树、牛樟等。

分布：中国重庆、四川、浙江、福建、台湾以及西部地区；不丹、缅甸、印度。

小黑斑凤蝶 正面♀

美凤蝶♀ （正面）

美凤蝶♂ （正面）

2.美凤蝶 *Papilio memnon* Linnaeus

采集地：澄江运河红星村。

采集海拔：280～900米。

采集时间：7～9月。

栖息地：农林。

特征：翅展105～145毫米，雌雄异型及雌性多型，分有尾型和无尾型，又名多型凤蝶。雄蝶体、翅黑色。前、后翅基部色深，有绒状光泽，翅脉纹两侧蓝黑色。雌性无尾突型前翅基部黑色，中室基部红色，脉纹及前缘黑褐色或黑色，脉纹两侧灰褐色或灰黄色。后翅基半部黑色，端半部白色，以脉纹分割成长三角形斑，亚外缘区黑色，外缘波状，在臀角及其附近有长圆形黑斑。翅反面前翅与正面相似。雌蝶后翅黑色，中间有放射状的一列白斑，边缘红色，色彩和花纹变化很多，是蝶类中同种间变化最多的一种蝴蝶。

寄主：芸香科的柑橘类、双面刺、食茱萸等。

分布：中国海南、广东、福建、浙江、江西、湖北、湖南、广西、重庆、四川、台湾；日本、印度、斯里兰卡、缅甸、泰国。

蓝凤蝶♀

蓝凤蝶♀

蓝凤蝶♀

蓝凤蝶♀

3.蓝凤蝶 *Papilio protenor* Cramer

采集地：澄江运河。

采集海拔：200～950米。

采集时间：3～10月。

栖息地：农林、溪谷、灌丛。

特征：翅展95～120毫米，翅黑色，有靛蓝色绒状光泽。雄蝶后翅正面前缘有黄白色斑纹，臀角有外围红环的黑斑；后翅反面外缘有几个弧形红斑，臀角有3个红斑。雌蝶后翅正面臀角外围有带红环的黑斑1个及弧形红斑1个；后翅反面与雄蝶相同。

寄主：芸香科的簕档花椒、柑橘类等。

分布：中国长江以南各省（自治区）以及重庆、陕西、河南、山东、西藏等；印度、不丹、缅甸、越南、朝鲜、日本。

4.玉带凤蝶 *Papilio polytes* Linnaeus

采集地：澄江运河。

采集海拔：200～950米。

采集时间：3～11月。

栖息地：农林、溪谷、灌丛。

特征：翅展77～95毫米，雌雄异型。雄蝶以黑色为主，有尾突，前翅外缘有1列向顶角由大至小排列的白斑，后翅中区有7个横列白斑，外缘或有红色新月形斑纹，翅正反面相似。雌性玉带凤蝶与雄性相似，而后翅红色新月形斑纹更大。

寄主：幼虫以桔梗、柑橘类、双面刺、过山香、花椒、山椒等芸香科植物的叶为食。

分布：中国重庆、四川、云南、甘肃、青海、陕西、河北、河南、山东、山西、湖北、湖南、江西、浙江、江苏、福建、广东、广西、海南、台湾；印度、印度尼西亚、马来半岛、日本等地。

玉带凤蝶♂

玉带凤蝶♀

玉带凤蝶♂

玉带凤蝶♂

玉带凤蝶♂

玉带凤蝶♀♂

碧凤蝶♀

5.碧凤蝶 *Papilio bianor* Cramer

采集地：澄江运河。

采集海拔：200～950米。

采集时间：3～10月。

栖息地：农林、溪谷、灌丛。

特征：翅展110～125毫米，翅黑色。前翅端半部色淡，翅脉间多散布黄色和蓝色鳞，后翅亚外缘有6个粉红色和蓝色飞鸟状斑，臀角有1个半圆形粉色斑，翅中域特别是近前缘形成大片蓝色区。反面色淡，斑纹非常明显。

寄主：幼虫以芸香科的贼仔树、食茱萸、飞龙掌血和柑橘、花椒、黄檗等植物为食。

分布：中国广大地区；日本、朝鲜、越南、印度、缅甸。

碧凤蝶♀

碧凤蝶♀　碧凤蝶♀

巴黎翠凤蝶♂

6.巴黎翠凤蝶 *Papilio paris* Linnaeus

采集地：澄江运河红星村。

采集海拔：260～850米。

采集时间：7～9月。

栖息地：灌丛、阔叶林。

特征：翅展100～130毫米，翅黑色，散布金绿色鳞片。前翅外缘有金绿色的小斑列。后翅中部有1块翠蓝绿色斑，像1枚绿宝石镶嵌在黑色的天鹅绒上，十分华贵。

寄主：芸香科的飞龙掌血、柑橘类等。

分布：中国云南、重庆、四川、陕西、河南、浙江、福建、台湾、香港等；印度、老挝、泰国、越南、缅甸、印度尼西亚等。

7.金凤蝶 *Papilio machaon* Linnaeus

采集地：澄江运河。

采集海拔：200～450米。

采集时间：4～9月。

栖息地：灌丛、农田。

特征：翅展75～95毫米，体黄色，从头部至腹末具1条黑色纵纹，雄性比雌性宽。腹部腹面有黑色细纵纹。前翅底色黄色，有黑色斑纹；后翅前部黄色，翅脉黑色，后部黑色，中域具1列不明显的蓝雾斑，臀角具1橘红圆斑。

寄主：茴香。

分布：中国黑龙江、吉林、河北、河南、山东、陕西、甘肃、新疆、西藏、重庆、四川、云南、浙江、福建、江西、广东、广西、台湾；欧洲、北非、北美、俄罗斯等地。

金凤蝶♀ 金凤蝶♀

金凤蝶♀ 金凤蝶♀

柑橘凤蝶♀

柑橘凤蝶♀

柑橘凤蝶♂

柑橘凤蝶♂

柑橘凤蝶♂

8.柑橘凤蝶 *Papilio xuthus* Linnaeus

采集地：澄江溪沟。

采集海拔：200～950米。

采集时间：3～11月。

栖息地：农林、溪谷、灌丛。

特征：翅展60～100毫米，翅浅黄绿色，脉纹两侧黑色。前后翅外缘有黑色宽带，宽带中有月形斑。臀角常有1个带黑点的橙色圆斑。有春、夏型之分，春型个体小而颜色鲜艳，雌蝶比雄蝶色深；夏型体大，雄蝶后翅前缘有1个明显黑斑。

寄主：芸香科的柑橘植物、茱萸。

分布：中国各省；缅甸北部、日本、朝鲜、越南。

9.青凤蝶 *Graphium sarpedon* (Linnaeus)

采集地：澄江溪沟。

采集海拔：200～950米。

采集时间：4～10月。

栖息地：农林、溪谷、灌丛。

特征：翅展70～85毫米，翅窄长，底色黑，无尾状突起。前后翅中央贯穿1列略呈方形的蓝绿色斑，后翅外缘有1列绿蓝色的新月斑。后翅反面近翅基有1条红色短线，翅中部至后缘处有数条红色斑纹。雄蝶后翅后缘有上翻构造，并密布灰白色的发香鳞。有春夏型之分，春型体稍小，翅面绿蓝色斑列稍宽。

寄主：潺槁木姜子、小梗木姜子、樟树、沉水樟、假桂皮、天竺桂、红楠、香楠、大叶楠、山胡椒等。

分布：中国陕西、湖北、湖南、重庆、四川、云南、西藏、江西、浙江、福建、广西、广东、海南、台湾；印度、尼泊尔、斯里兰卡、不丹、缅甸、泰国、印度尼西亚、日本等。

青凤蝶♂　青凤蝶♂

青凤蝶♂　青凤蝶♀♂

10.黎氏青凤蝶 *Graphium leechi* (Rothschild)

采集地: 澄江溪沟。

采集海拔: 200～950米。

采集时间: 6～9月。

栖息地: 阔叶林、溪谷、灌丛。

特征: 翅展70～80毫米，翅黑色。前翅亚外缘有白斑列；中室外从前缘至后缘各室有逐渐增长的平行白色带纹；中室内有5条白色短横纹。后翅外缘波状，亚外缘有白斑列；基半部有5条长短不一的纵行白条纹。翅反面似正面，而后翅自中室末端外至后缘有4个黄斑，基角有1个黄斑。

寄主: 木兰科的马褂木、厚朴和樟科的檫木等。

分布: 中国江西、浙江、重庆、四川、云南、福建、海南。

黎氏青凤蝶♂

黎氏青凤蝶♂

黎氏青凤蝶♂

宽带青凤蝶 正面♂

11.宽带青凤蝶 *Graphium cloanthus* (Westwood)

采集地：澄江溪沟。

采集海拔：350～420米。

采集时间：7～9月。

栖息地：阔叶林、溪边。

特征：翅展75～85毫米，翅黑褐色。前翅有1列青绿色斑组成的横带，从翅顶角斜至中部，且延续至后翅，使前翅与后翅正面形成1条青斑带，宽度比青凤蝶大。后翅外缘波状，有尾突，且很长。

寄主：华润楠。

分布：中国重庆、四川、陕西、江西、浙江、福建、云南、贵州、广东、广西、台湾；印度、尼泊尔、缅甸、泰国、印度尼西亚、日本。

红珠凤蝶♀

红珠凤蝶♂

红珠凤蝶♂

红珠凤蝶♂

红珠凤蝶♀

12.红珠凤蝶 *Pachliopta aristolochiae* (Fabricius)

采集地：澄江运河。

采集海拔：230～850米。

采集时间：6～10月。

栖息地：农林、灌丛。

特征：翅展70～95毫米，体背黑色，颜面、腹侧及尾端多红毛。前翅灰色，翅脉、中室及脉间条纹与翅缘黑褐色，后翅黑褐色；中室外部具3～5个并行白斑，翅缘有6～7个黄褐色或粉红色斑。本种属多型种。

寄主：马兜铃科的马兜铃属植物。

分布：中国陕西、江西、浙江、河南、重庆、四川、广西、云南、台湾；印度、泰国、缅甸、新加坡等。

13.铁木剑凤蝶 *Pazala timur* (Ney)

采集地：澄江溪沟。

采集海拔：230～350米。

采集时间：4～5月。

栖息地：农林、溪边。

特征：翅展60～70毫米，翅薄，淡黄白色。前翅外缘和亚外缘有3条黑带，中室内有5条黑带，后翅黑带6条，臀角区具大黑斑，尾突基部有3个青蓝色半月形小斑，尾突细长，黑色，端部黄白色。

寄主：硬叶楠。

分布：中国重庆、四川、浙江、江苏、福建、台湾；尼泊尔、缅甸。

铁木剑凤蝶♂（正面）

三、粉蝶科 Pieridae

粉蝶图（东方菜粉蝶♀）

粉蝶科蝴蝶是最常见的蝶类。它们每年最早大规模出现，又最晚越冬，堪称蝶中劳模。农田、草丛时常出现它们飞舞的倩影。其寄主很多是经济作物，而成虫却为许多植物传播花粉，维持自然界的生态平衡。

1.斑缘豆粉蝶 *Colias erate* (Esper)

采集地：澄江运河。

采集海拔：220～240米。

采集时间：4～5月。

栖息地：草地。

特征：翅展38～53毫米，雄蝶翅黄色，前翅外缘宽阔的黑色区中有黄色纹，中室端有1个黑点，后翅外缘的黑纹多相连成列，中室端的圆点在后翅正面为橙黄色，反面为银白色，外有褐色圈。雌蝶翅白色，斑纹同雄蝶。

寄主：三叶豆属、苜蓿属和大豆属等属植物。

分布：中国黑龙江、辽宁、陕西、山西、河南、重庆、四川、湖北、新疆、西藏、江苏、浙江、福建、云南等；东欧到克什米尔地区，日本等。

斑缘豆粉蝶♂（正面）　斑缘豆粉蝶♀（正面）

橙黄豆粉蝶♀（正面）

橙黄豆粉蝶♂（正面）

2.橙黄豆粉蝶 *Colias fieldii* Ménétriès

采集地：澄江运河。

采集海拔：200～240米。

采集时间：4～5月。

栖息地：草地。

特征：翅展43～56毫米，雌雄异型。与斑缘豆粉蝶近似，但翅为橙黄色，前后翅外缘有较宽黑色带。雌蝶带中具橙黄色斑，雄蝶无，且边缘整齐；前、后翅中室端的黑点和橙黄点均较大，区别于斑缘豆粉蝶。

寄主：苜蓿、大豆、百脉根。

分布：中国中、西部；印度北部、尼泊尔、缅甸、泰国等。

3.宽边黄粉蝶 *Eurema hecabe* (Linnaeus)

采集地：澄江运河。

采集海拔：200～950米。

采集时间：3～10月。

栖息地：草丛、溪谷、菜地。

特征：翅展40～45毫米，翅深黄色或黄白色，前翅外缘有宽黄带，直到后角；后翅外缘黑色带窄且界限模糊；翅反面布满褐色小点，前翅中室内有2个斑纹，后翅呈不规则圆弧形；后翅反面有许多分散的点状斑纹，中室端部有1条肾形纹。

寄主：合欢、胡枝子、皂荚和小扁豆等豆科植物。

分布：中国各省；日本、朝鲜、菲律宾、印度尼西亚、马来西亚、缅甸、泰国、印度、孟加拉国。

宽边黄粉蝶♀

宽边黄粉蝶♀

宽边黄粉蝶♀

菜粉蝶♂

4.菜粉蝶 *Pieris rapae* (Linnaeus)

采集地：澄江运河。

采集海拔：200～950米。

采集时间：3～6月，9～12月。

栖息地：农田、灌丛、草地。

特征：翅展45～55毫米，翅面和脉纹白色，翅基部和前翅前缘较暗；雌蝶特别明显，前翅顶角和中央2个斑纹黑色，后翅前缘有1个黑斑。

寄主：十字花科、菊科、旋花科、百合科、茄科、藜科、苋科等，主要食取十字花科蔬菜，尤喜食芥蓝、甘蓝、花椰菜等。

分布：中国大部；北美直到印度北部。

东方菜粉蝶♀♂

东方菜粉蝶♀

东方菜粉蝶♂

东方菜粉蝶♂

东方菜粉蝶♂

5.东方菜粉蝶 *Pieris canidia* (Sparrman)

采集地：澄江溪沟。

采集海拔：200～950米。

采集时间：4～11月。

栖息地：农田、草地、灌丛。

特征：翅展43～52毫米，翅白色。前翅前缘有细黑线，翅基部布满黑色鳞片，顶角与外缘中部黑褐色斑相连，斑内缘呈锯齿状，中域有2个黑斑，近后缘处有1个模糊黑斑。后翅前缘中部有1个黑斑，外缘脉端有三角形黑色斑。前翅反面中域有2个斑，较正面大而色浓，近翅基靠近前缘有黑色鳞片。后翅反面无斑纹，中后部有稀疏黑色鳞片，肩角细狭，黄色。

寄主：油菜、甘蓝、花椰菜、芥蓝、菜心、白菜、萝卜等十字花科植物。

分布：中国除黑龙江、内蒙古、新疆北部外，其余各省均有分布；朝鲜、越南、老挝、缅甸、柬埔寨、泰国、土耳其。

6.黑纹粉蝶 *Pieris melete* Ménétriès

采集地：澄江溪沟。

采集海拔：200～950米。

采集时间：3～5月，8～10月。

栖息地：农田、草地。

特征：翅展45～55毫米，雄蝶翅白色，脉纹黑色。前翅脉纹、顶角及后缘均为黑色，近外缘的2个黑斑较大，其后1个与后缘的黑带连接；后翅前缘外部有1个黑色圆斑。翅反面的前翅顶角和后翅有黄色鳞片，后翅基角有1个橙色斑点。雌蝶翅基部浅黑褐色，色斑和后边末端条纹粗大，其他与雄蝶同。春型个体稍小，翅略细长，黑色部分色深；夏型体较大，体色稍浅且明显。

黑纹粉蝶♂

寄主：芥菜、焯菜、南芥菜等十字花科植物。

分布：中国重庆、四川、黑龙江、辽宁、河南、陕西、福建、江西、湖北、广西；朝鲜、日本、俄罗斯。

黑纹粉蝶♀

飞龙粉蝶♀

飞龙粉蝶♂

飞龙粉蝶♂

7. 飞龙粉蝶 *Talbotia naganum* (Moore)

采集地：北泉村范家沟。

采集海拔：530～950米。

采集时间：7～9月。

栖息地：草地、灌丛。

特征：翅展62～72毫米，雌雄异型。雄蝶前翅正面白色，顶部及外缘黑色，后翅面白色，反面淡黄色，均无斑纹。雌蝶前翅顶部和外缘黑斑似雄蝶，中室后半黑色纵带与中室端小黑斑相连，通接外缘斑，形成飞鸟形黑带，后翅反面淡黄色，黑斑消失。

寄主：钟萼木科的百乐树等。

分布：中国湖北、重庆、四川、浙江、江西、福建、广东、台湾；越南。

8.黄尖襟粉蝶 *Anthocharis scolymus* Butler

采集地：缙云山金果园牛奶场。

采集海拔：260～450米。

采集时间：3～4月。

栖息地：农田、草地。

特征：翅展30～32毫米，翅白色，前翅中室端有1个黑斑，顶角尖出，略呈钩状，有3个黑点排成三角形。雄蝶在该三角形中有1个橙黄色斑，雌蝶无此斑，后翅可透视反面的绿色云状斑。雌蝶后翅反面云状斑呈褐色，前翅顶角呈棕黄色。

寄主：硬毛南芥、碎米荠等。

分布：中国黑龙江、辽宁、青海、陕西、山西、河北、河南、湖北、重庆、四川、浙江、福建；日本、俄罗斯。

黄尖襟粉蝶♂（正面）

黄尖襟粉蝶♀（正面）

四、灰蝶科Lycaenidae

大多数灰蝶科蝴蝶身材娇小，拥有天使一样的容貌。它们在灌草丛中欢快地起舞，迎接每一个温暖的太阳。蝴蝶中也有“吃荤”的，蚜灰蝶的幼虫就是以蚜虫为食，是蝶类中鼎鼎大名的“灭蚜能手”。

灰蝶图（浓紫彩灰蝶♀）

1.波蚬蝶 *Zemeros flegyas* (Cramer)

采集地：缙云山清风寨。

采集海拔：220～951米。

采集时间：5～10月。

栖息地：溪边灌草丛。

特征：翅展34～37毫米，翅面绯红褐色，脉纹色浅；有白点和深褐色斑，白点在亚缘和中域上呈1条整齐的行列，中域列内外部还有几个分散小白点；前翅外缘呈波状，后翅外缘第3中脉脉端突出呈角度。翅反面色淡，斑纹清晰。

分布：中国浙江、江西、湖北、福建、广东、广西、海南、重庆、四川、云南、西藏；印度、缅甸、马来西亚、印度尼西亚、菲律宾。

波蚬蝶♀♂

波蚬蝶♂

波蚬蝶♂

波蚬蝶♂

2.银纹尾蚬蝶 *Dodona eugenes* Bates

采集地：缙云山至歇马观景台。

采集海拔：780～950米。

采集时间：9月。

栖息地：溪边灌丛。

特征：翅展35～40毫米，翅面黑褐色，前翅外缘较直，微呈波状，顶端部有几个小白点，端半部有橙黄色斑，基半部有2条横纹直达后缘；后翅外缘波状明显，斑纹长形直达臀角，臀角突出呈耳垂状，其外侧有尾。翅反面色稍浅，斑纹明显。后翅顶端部有2个黑斑，其余条纹为橙色和银白色相交汇于臀角。雌蝶较大，翅形较圆。

分布：中国海南、广东、福建、浙江、江西、河南、云南、重庆、四川、西藏、台湾；印度北部、尼泊尔、不丹、缅甸、泰国、越南、马来西亚。

银纹尾蚬蝶♂

银纹尾蚬蝶♂

银纹尾蚬蝶♂

3.蚜灰蝶 *Taraka hamada* (Druce)

采集地：澄江溪沟。

采集海拔：200～950米。

采集时间：4～10月。

栖息地：农田、灌丛。

特征：翅展22～26毫米，翅正面黑褐色，无斑纹，缘毛黑白相间。翅反面白色，前后翅各散布20余个黑斑，翅中央黑斑较大，排成不规则纵列。雌蝶前翅顶角圆，雄蝶较尖。

寄主：幼虫专以蚜虫为食，在蝶类中是不多见的食肉种类之一。

分布：中国河南、山东、江西、重庆、四川、江苏、浙江、福建、广东、海南、台湾；印度、缅甸、泰国、越南、马来西亚、印度尼西亚、朝鲜、日本。

蚜灰蝶♂

蚜灰蝶♀

百娆灰蝶♀

百娆灰蝶♀

百娆灰蝶♀

4.百娆灰蝶 *Arhopala bazala* (Hewitson)

采集地：缙云山运河二道堰。

采集海拔：280～320米。

采集时间：8月。

栖息地：林下灌丛。

特征：翅展40～45毫米，翅以深褐色为主，布满白边褐色波纹。雄蝶翅面深褐色带暗紫色。雌蝶前翅翅面中央有金属紫色。后翅有尾突。

寄主：黄槿。

分布：中国重庆、浙江、福建、江西、广西、海南、台湾；印度、缅甸、泰国、马来西亚、印度尼西亚等。

5.银线灰蝶 *Spindasis lohita* (Horsfield)

采集地：澄江运河泡木沟。

采集海拔：240～380米。

采集时间：7～9月。

栖息地：灌丛。

特征：翅展30～35毫米，雄蝶翅正面黑褐色，前后翅基半部在光线下闪紫色光泽；后翅臀角有橙色斑，其端部有黑色圆斑，每个后翅有尾突2个，黑褐色，端部白色。翅反面淡黄色，斑纹暗褐色，呈分节棒状，斑纹中夹有银色细线。

寄主：幼虫以旋花科、使君子科、薯蓣科、桃金娘科、蔷薇科、豆科等科植物为食。

分布：中国江西、福建、重庆、四川、广西、台湾；越南、缅甸、印度、斯里兰卡、马来西亚。

银线灰蝶♀

银线灰蝶♀

银线灰蝶♂

银线灰蝶♂

霓纱燕灰蝶♀ 霓纱燕灰蝶♀
霓纱燕灰蝶♀ 霓纱燕灰蝶♀

6.霓纱燕灰蝶 *Rapala nissa* (Kollar)

采集地：澄江溪沟。

采集海拔：230～880米。

采集时间：7～9月。

栖息地：灌丛。

特征：翅展35～40毫米，前翅基半部和后翅的大部分有紫蓝色的闪光，有时在中室端外出现红斑。雄蝶后翅有1个长椭圆形的毛簇；臀角呈叶状，镶有围橙黄色边的圆形黑斑；尾突细长。

寄主：蔷薇科、鼠李科等。

分布：中国黑龙江、河北、河南、陕西、重庆、四川、湖北、江西、浙江、广西、云南、台湾；马来西亚、泰国、印度。

7.生灰蝶 *Sinthusa chandrana* (Moore)

采集地：澄江溪沟。

采集海拔：220～780米。

采集时间：6～10月。

栖息地：草丛。

特征：翅展2～28毫米，雄蝶前翅面黑褐色；后翅前缘及臀角褐色，其他部分有紫蓝色光泽，径总支脉近基部有圆形性标。翅反面灰褐色，斑纹有白边。后翅前缘基部有1个小斑，中室端有斑，中室外有呈弧形斑列，尾突纤细。

分布：中国江西、重庆、四川、浙江、台湾；印度、缅甸、泰国、越南、新加坡。

生灰蝶♀

生灰蝶♀

生灰蝶♀

浓紫彩灰蝶♂

浓紫彩灰蝶♂

浓紫彩灰蝶♂

浓紫彩灰蝶♀

浓紫彩灰蝶♂

8.浓紫彩灰蝶 *Heliophorus ila* (de Nicéville)

采集地：缙云山清风寨。

采集海拔：230～850米。

采集时间：5～10月。

栖息地：混交林下灌丛。

特征：翅展28～30毫米，翅正面黑褐色，部分区域有深紫蓝色光泽；后翅外缘有2个橙红色新月斑。翅反面橙黄色，前翅外缘有窄的赤红带，外缘有黑斑，臀角有1个长形黑斑，具白边。

分布：中国福建、江西、广东、广西、重庆、四川、陕西、河南、海南、台湾；马来西亚、印度尼西亚、印度、不丹、缅甸。

9.酢浆灰蝶 *Pseudozizeeria maha* (Kollar)

采集地：澄江运河。

采集海拔：220～950米。

采集时间：5～11月。

栖息地：农田、灌草丛。

特征：翅展22～30毫米，雄蝶翅正面为有光泽的浅蓝色，前翅外缘及后翅前缘皆有黑褐色边。室端部有黑褐色斑点。黑边、黑点在低温时消退甚至消失。雌蝶正面底色呈黑褐色，翅基部有蓝色亮鳞片，低温期较多，有时可达雄蝶高温期蓝色斑发达程度。高温时亮鳞片减退或消失。

寄主：以酢浆草科、爵床科马兰属植物为食，也有取食蝶形花科的记载。

分布：中国浙江、江西、福建、广东、广西、海南、重庆、四川、台湾；朝鲜、日本、巴基斯坦、印度、尼泊尔、缅甸、泰国、马来西亚。

酢浆灰蝶♀

酢浆灰蝶♀

酢浆灰蝶♀

酢浆灰蝶♀♂

酢浆灰蝶♂

长尾蓝灰蝶♀

长尾蓝灰蝶♀

长尾蓝灰蝶♀

10.长尾蓝灰蝶 *Everes lacturnus* (Godart)

采集地：澄江运河。

采集海拔：220～650米。

采集时间：8～10月。

栖息地：农田、草丛。

特征：翅展26～32毫米，雌雄异型，雄蝶翅面蓝紫色，外缘黑色，前翅中室端部有1个明显黑斑，后翅有小尾突；雌蝶翅面黑褐色，中室无黑斑。

寄主：黄花酢浆草。

分布：中国重庆、陕西、云南、浙江、福建、江西、湖北、台湾、香港；印度、新几内亚、澳大利亚等。

11.点玄灰蝶 *Tongeia filicaudis* (Pryer)

采集地：澄江溪沟。

采集海拔：260～850米。

采集时间：6～10月。

栖息地：农田、草丛。

特征：翅展18～24毫米，翅正面黑褐色，斑纹不明显；反面灰白色。缘毛前端白色，基部黑褐色。前翅后缘线黑色，亚外缘有2列黑点，每列各6个；中域前缘4个黑点排成1列，后缘2个排成1行，中室端有1个黑点；中室内和下方各有1个黑点，这是区别近似种的主要特征。

分布：中国河南、山东、山西、重庆、四川、浙江、江西、台湾。

点玄灰蝶♂

珍贵妩灰蝶♂

珍贵妩灰蝶♂

12.珍贵妩灰蝶 *Udara dilecta* (Moore)

采集地：澄江溪沟。

采集海拔：240～260米。

采集时间：5～9月。

栖息地：溪边、灌丛。

特征：翅展28～32毫米，雄蝶前翅正面大部分青紫色，外缘黑带很窄，中央黑色部分很小，后翅近顶角有一小块白色，大部分青紫色，边缘黑色。雌蝶翅反面亚缘斑点清晰，后翅前缘及基部几个斑点特别明显。

分布：中国广西、重庆、四川、海南、台湾；印度、缅甸、泰国、马来西亚。

白斑妩灰蝶♂

13.白斑妩灰蝶 *Udara albocaerulea* (Moore)

采集地：缙云山。

采集海拔：780～950米。

采集时间：7～9月。

栖息地：灌丛。

特征：翅展26～30毫米，雄蝶翅正面和同属其他种类差异大，底色为青紫色，前翅中间有大型白斑。后翅大部分为白色。

分布：中国重庆、浙江、福建、台湾；日本、越南、老挝、柬埔寨、泰国、缅甸、印度、尼泊尔、马来西亚。

14.琉璃灰蝶 *Celastrina argiola* (Linnaeus)

采集地：澄江运河。

采集海拔：220～950米。

采集时间：6～9月。

栖息地：溪边、草丛。

特征：翅展26～30毫米，翅正面蓝灰色，缘毛白色，脉端黑色，前翅尤为明显。翅反面白色，翅外缘有3列黑斑，后翅黑斑分布不规则。

寄主：苹果、李、鼠李、刺槐、醋栗、山楂、胡枝子、蚕豆、山绿豆、苦参、紫藤等植物。

分布：中国黑龙江、辽宁、山东、河南、河北、陕西、山西、甘肃、青海、江西、重庆、四川、湖南、福建、浙江、云南。

琉璃灰蝶♀

琉璃灰蝶♀

琉璃灰蝶♀

大紫琉璃灰蝶♀  大紫琉璃灰蝶♀  大紫琉璃灰蝶♀

大紫琉璃灰蝶♂

15.大紫琉璃灰蝶 *Celastrina oreas* (Leech)

采集地：澄江运河。

采集海拔：240～950米。

采集时间：7～9月。

栖息地：溪边、灌丛。

特征：翅展34～36毫米，雄蝶翅正面外缘和前缘黑色，其余部分蓝紫色，缘毛白色。雌蝶翅紫色、翅反面灰白色，前翅外缘有1列小黑点，亚外缘线波状，外横列5个小黑点，其中后4个排成1列，中室端有短线纹。

分布：中国重庆、四川、浙江、云南。

16.曲纹紫灰蝶 *Chilades pandava* (Horsfield)

采集地：北温泉三花石。

采集海拔：230～320米。

采集时间：9～10月。

栖息地：农家花园。

特征：翅展26～28毫米，翅正面以灰、褐、黑等色为主，且前、后翅正反面的颜色及斑纹截然不同。翅面的颜色丰富，斑纹变化多样。雄蝶翅正面呈蓝灰白色，外缘灰黑色；雌蝶翅正面呈灰黑色。

寄主：苏铁。

分布：中国重庆、广西、香港；缅甸、马来西亚、斯里兰卡。

曲纹紫灰蝶♂　曲纹紫灰蝶♀

曲纹紫灰蝶♂　曲纹紫灰蝶♀

曲纹紫灰蝶♂　曲纹紫灰蝶♀

17.尖翅银灰蝶 *Curetis acuta* Moore

采集地：澄江运河泡木沟。

采集海拔：230～900米。

采集时间：7～9月。

栖息地：农田。

特征：翅展42～46毫米，雄蝶翅面黑褐色，前翅中区、后翅外端有橘红色斑纹；雌蝶翅面有黑底白斑纹。雌雄蝶反面银白色。秋、冬翅形较尖，翅面斑纹大而明显。

分布：中国河南、陕西、浙江、江西、湖北、福建、海南、西藏、广西、重庆、四川、云南、台湾；日本、印度。

尖翅银灰蝶♂

尖翅银灰蝶♂

尖翅银灰蝶♂

雅灰蝶♂

雅灰蝶♂（正面）

18.雅灰蝶 *Jamides bochus* Cramer

采集地：澄江溪沟。

采集海拔：230～950米。

采集时间：7～9月。

栖息地：溪边灌丛。

特征：翅展26～28毫米，翅正面黑色，雄蝶前翅基后半部与后翅大部分呈紫蓝色，有金属光泽。雌蝶翅紫色部分无金属光泽。翅反面灰褐色，雌雄斑纹相同，前后翅多浅灰色线带，后翅臀角具1个大圆黑斑和1个小黑斑。尾突细长黑色、末端白色。

分布：中国重庆、云南、浙江、福建、江西、广西、海南、台湾、香港；日本、缅甸、印度、澳大利亚北部。

19.绿灰蝶 *Artipe eryx* (Linnaeus)

采集：澄江运河。

采集海拔：220～240米。

采集时间：8～9月。

栖息地：农林、灌草丛。

特征：翅展36～42毫米，翅正面黑褐色，反面绿色。雄蝶前翅中室有闪光浓紫蓝斑，雌蝶后翅有白斑，臀角黑色，内侧白色，尾突基部有2个黑斑。

分布：中国西藏、云南、贵州、重庆、四川、浙江、江西、福建、广东、广西、海南、香港；日本、印度、缅甸、老挝、泰国、马来西亚、印度尼西亚等。

绿灰蝶♀

绿灰蝶♀

五、蛱蝶科 Nymphalidae

蛱蝶飞行姿态优美，外形靓丽，种类繁多，是蝶类中的第一大科。枯叶蝶等蛱蝶拥有出色的拟态本领。斑蝶以其警戒色和体内的毒素闻名，因此其斑纹也成为其他一些蝴蝶甚至蛾子的拟态对象。眼蝶和环蝶则以成串的眼状斑纹著称。有的蛱蝶划分了自己的领地，如果有别的蝶类侵入，它们会将不速之客赶走。

蛱蝶图（翠蓝眼蛱蝶♂）

1.虎斑蝶 *Danaus genutia* (Cramer)

采集地：澄江运河。

采集海拔：240～320米。

采集时间：8～10月。

栖息地：灌丛。

特征：翅展72～78毫米，翅面底色黄色或橙黄色，前翅前缘、端半部、后缘及翅脉均为黑褐色，亚端部有5个大白斑，附近有几个小白点；后翅外缘和翅脉黑褐色，其中有2列小白点，内侧有时不明显；雄蝶有黑色性斑。翅反面色彩与正面类似，内侧有时不明显；但翅外缘的2列小白点更明显，雄蝶黑色性斑的中心为白色。

寄主：天星藤、马利筋。

分布：中国南方各省；越南、印度尼西亚、马来西亚、菲律宾、澳大利亚南部、新几内亚。

虎斑蝶♂　虎斑蝶♂

啬青斑蝶♂

2.啬青斑蝶 *Tirumala septentrionis* (Butler)

采集地: 缙云山杉木园。

采集海拔: 780～850米。

采集时间: 9月。

栖息地: 阔叶林、灌丛。

特征: 翅展80～90毫米, 翅面黑棕色, 有水青色点状或条状斑纹, 雌雄外观无太大差异, 区别在后翅, 雄蝶具有突起的囊状性标, 雌蝶则无此性标。

寄主: 萝藦科布朗藤。

分布: 中国重庆、四川、江西、云南、广西、广东、海南、台湾; 阿富汗、印度、缅甸、泰国、越南、马来西亚、印度尼西亚。

3.大绢斑蝶 *Parantica sita* (Kollar)

采集地：缙云山。

采集海拔：260～950米。

采集时间：7～9月。

栖息地：阔叶林、灌丛。

特征：翅展83～90毫米，体胸部棕褐色，腹部棕红色。前翅翅缘及脉纹棕褐色，翅面为白色蜡质半透明的斑纹，基部斑纹大，端部斑纹小。后翅棕红色，基半部为白色蜡质半透明的条状斑。

寄主：南山藤、马利筋、球兰、吊裙草等。

分布：中国河南、海南、广东、广西、云南、重庆、四川、西藏、江西、浙江等；阿富汗、巴基斯坦、印度北部、尼泊尔、不丹、孟加拉国、缅甸、马来西亚、印度尼西亚、朝鲜、日本等。

大绢斑蝶♂　大绢斑蝶♂

大绢斑蝶♂

箭环蝶♀（郑利梅 摄）

箭环蝶♀♂（郎嵩云 摄）

4.箭环蝶 *Stichophthalma howqua* (Westwood)

采集地：缙云山绍龙观。

采集海拔：260～950米。

采集时间：7～10月。

栖息地：林下、竹林。

特征：翅展105～115毫米，雌雄同型，翅正面浓橙色，前翅顶角黑褐色，外缘有1条黑色细线，第1中脉室至第2肘脉室各有1个鱼纹斑；后翅鱼纹斑特大而显著。翅反面略带红色，前后翅中央及近基部有2条横波状纹，雌蝶在中横纹外有1条白带。缘室中央各有5个红褐色眼斑，围有黑边，中心有白瞳点，外缘有2条波状线。

寄主：多种竹类，如毛竹、红壳竹、淡竹、篌竹、雷竹等。

分布：中国浙江、江西、湖北、湖南、福建、广东、广西、陕西、重庆、四川、贵州、云南、海南、台湾；越南。

5.睇暮眼蝶 *Melanitis phedima* (Cramer)

采集地：缙云山二道堰。

采集海拔：220～950米。

采集时间：6～11月。

栖息地：溪谷、林下。

特征：翅展68～72毫米，前翅外缘和后翅外缘突出成角状。前翅近顶角有1黑色圆斑，斑内和纹上各有1个白点，上方有橙红色纹；反面的颜色和斑纹因季节变化比较大。夏型色浅，眼状斑非常明显，秋型色深，眼状斑退化甚至消失。

寄主：棕叶狗尾草。

分布：中国贵州、云南、浙江、江西、福建、广东、广西、海南、重庆、四川、西藏、台湾；东南亚诸国。

睇暮眼蝶♀

睇暮眼蝶♀

睇暮眼蝶♀

6.曲纹黛眼蝶 *Lethe chandica* Moore

采集地：缙云山。

采集海拔：200～950米。

采集时间：5～11月。

栖息地：林下、灌丛。

特征：翅展55～60毫米，雄蝶翅正面黑褐色无斑纹，翅反面颜色较浅；雌蝶前翅正面具白色斜带，翅反面的斜带亦较雄蝶明显。翅顶角有2个小白斑。翅反面除具备正面斑纹外，前翅有多个眼状斑；后翅有淡色波曲的内线、中线、外线及缘线，亚缘有6个眼状斑。

寄主：绿竹、桂竹、台风草等植物。

分布：中国西藏、云南、浙江、福建、广西、广东、重庆、四川、台湾；印度、孟加拉国等东南亚诸国。

曲纹黛眼蝶♂ 曲纹黛眼蝶♀

曲纹黛眼蝶♂ 曲纹黛眼蝶♀

白带黛眼蝶♀（正面）

7.白带黛眼蝶 *Lethe confusa* (Aurivillius)

采集地：缙云山。

采集海拔：600～950米。

采集时间：7～10月。

栖息地：林下、竹林。

特征：翅展58～63毫米，翅正面黑褐色，中域有1条白色斜宽带，自前缘中部斜向后角，翅顶角有2个小白斑。翅反面除具备正面斑纹外，前翅顶角有3～4个眼状斑；后翅有淡色波曲的内线、中线、外缘及缘线，2条白色中横带在后缘汇合成"V"字形；亚缘有6个眼状斑，黑色、橙框、白瞳，第1个很大、最后1个小，双瞳。

寄主：桂竹。

分布：中国浙江、福建、广东、广西、重庆、四川、贵州、云南、海南；印度、尼泊尔等东南亚诸国。

8.玉带黛眼蝶 *Lethe verma* Kollar

采集地：澄江溪沟。

采集海拔：260～950米。

采集时间：7～11月。

栖息地：溪谷、林下。

特征：翅展52～58毫米，翅正面黑褐色，中域有1条白色斜宽带，自前缘中部斜向后角。翅反面除具备正面斑纹外，前翅顶角有2～3个眼状斑；后翅有淡色波曲的内线、中线、外缘及缘线，有2条白色中横带；亚缘有6个眼状纹，黑色、橙框、白瞳，第1个很大，最后1个小，双瞳。本种与本属其他种的区别是：后翅圆形，第3中脉无明显突起；前翅白色斜横带止于第2肘脉；亚顶端无小白斑。

寄主：禾本科植物。

分布：中国江西、广东、广西、海南、云南、台湾、重庆、四川；印度、马来西亚、越南等。

玉带黛眼蝶♂　玉带黛眼蝶♂

玉带黛眼蝶♂　玉带黛眼蝶♂

连纹黛眼蝶♂　连纹黛眼蝶♂

连纹黛眼蝶♂♀

9.连纹黛眼蝶 *Lethe syrcis* (Hewitson)

采集地：缙云山华龙寺。

采集海拔：240～950米。

采集时间：5～10月。

栖息地：林下、竹林。

特征：翅展64～68毫米，翅褐黄色。前翅近外缘有淡色宽带；后翅有4个圆形黑斑，围有暗黄色圈。前翅反面外缘、中部和近基部有3条褐黄色横带纹。后翅有6个黑色眼状斑，翅中部有“U”字形黄褐色条纹，外侧条纹中部向外呈尖角状突出。

寄主：多种竹类。

分布：中国陕西、江西、河南、福建、重庆、四川、广东、广西。

蒙链荫眼蝶♂

蒙链荫眼蝶♂

蒙链荫眼蝶♀

10.蒙链荫眼蝶 *Neope muirheadii* (Felder)

采集地：缙云山聚云峰下。

采集海拔：220～950米。

采集时间：5～11月。

栖息地：果园、阔叶林下。

特征：翅展64～66毫米，翅面黑褐色，前后翅各有4个黑斑，雌蝶翅上大而明显，雄蝶翅上不显。翅反面，从前翅1/3处直到后翅臀角有1条棕色和白色并行的横带。前翅中室内有2条弯曲棕色条斑和4个链状的圆斑。亚外缘有4个眼状斑。后翅基部有3个小圆环，亚外缘有7个眼状斑，臀角处2个相连。

寄主：水稻、刚莠竹。

分布：中国河南、陕西、湖北、重庆、四川、浙江、江西、福建、广东、云南、海南、台湾等；东南亚诸国。

11.小眉眼蝶 *Mycalesis mineus* (Linnaeus)

采集地：澄江运河千子门。

采集海拔：240～260米。

采集时间：6～9月。

栖息地：林下、灌丛。

特征：翅展34～37毫米，有春、夏型之分。春型翅反面斑纹消失，仅留少数小点；夏型黑色眼状斑清晰。夏型雌蝶翅面黑褐色，前、后翅2条外缘线清晰，前翅有1个眼状斑。翅反面2条外缘线清晰，前翅有2个眼状斑，后翅有大小不等的7个眼状斑，中横线黄色。雄蝶前翅反面性斑宽大，色较深；而后翅反面性斑细长，具黄色长毛束。

分布：中国重庆、四川、湖北、云南、浙江、福建、台湾、广东、广西、海南；印度、尼泊尔、缅甸、伊朗、印度尼西亚、马来西亚等。

小眉眼蝶♂

稻眉眼蝶♂

稻眉眼蝶♂

稻眉眼蝶♀

12.稻眉眼蝶 *Mycalesis gotama* Moore

采集地：澄江运河板子沟。

采集海拔：240～650米。

采集时间：5～10月。

栖息地：林下、灌丛。

特征：翅展41～52毫米，翅褐色。前翅正面亚外缘有2个黑色眼斑，上小下大；前翅反面小眼斑上各有相连的1个更小眼斑；中线灰白色，自前缘直达后翅后缘。后翅反面亚外缘有6～7个黑色眼斑。夏型斑纹多而清晰；春型有些斑纹不明显或消失。雄蝶后翅正面中室基部近前缘有1簇黄白色长毛。

分布：中国河南、陕西、西藏、重庆、四川、贵州、云南、江苏、安徽、湖北、湖南、浙江、福建、江西、广东、广西、海南、台湾；越南、朝鲜、日本。

13.拟稻眉眼蝶 *Mycalesis francisca* (Stoll)

采集地：缙云山二道堰。

采集海拔：380～460米。

采集时间：7～9月。

栖息地：灌丛。

特征：翅展40～48毫米，翅褐色。雄蝶前翅后缘中部有1个黑色性标志，后翅前缘近基部的性标志为白色长毛束；翅反面中部的横带为淡紫色。

分布：中国河南、陕西、浙江、江西、广东、广西、海南、重庆、四川、台湾；日本、朝鲜。

拟稻眉眼蝶♂

拟稻眉眼蝶♂

白斑眼蝶♀（正面）

14.白斑眼蝶 *Penthema adelma* (Felder)

采集地：缙云山健身梯。

采集海拔：360～750米。

采集时间：7～9月。

栖息地：林下、灌丛。

特征：翅展85～95毫米。翅黑色，前翅正面亚外缘有2列小白点，内侧1列稍大；前缘中部斜向后角有1列大白斑，后3个最大，中室端也有1个大白斑。后翅正面亚外缘有1列白斑。

分布：中国陕西、重庆、四川、浙江、江西、湖北、广西、台湾、福建。

15.阿矍眼蝶 *Ypthima argus* Butler

采集地：缙云山金果园。

采集海拔：350～650米。

采集时间：6～9月。

栖息地：林下、灌丛。

特征：翅展33～38毫米，体茶褐色，腹面色灰；翅茶褐色，前翅亚端部下方有黑底蓝色双心黄圈大眼斑1个，眼斑周围色稍淡；后翅后缘区与亚端区色稍淡，蓝心黑底黄圈眼斑2个位于第2和第3室。翅反面灰褐细纹相间，前翅反面眼斑如正面；后翅反面眼斑6个，每两个互相靠近，臀角上的两个最大。

寄主：禾本科刚莠竹等植物。

分布：中国河南、重庆、四川、浙江、福建、江西、湖北、湖南、黑龙江、山西、甘肃；日本、朝鲜、俄罗斯等。

阿矍眼蝶♀　阿矍眼蝶♀

阿矍眼蝶♂　阿矍眼蝶♂

16.二尾蛱蝶 *Polyura narcaea* (Hewitson)

采集地：澄江溪沟。

采集海拔：220～950米。

采集时间：6～10月。

栖息地：农田、阔叶林。

特征：翅展60～80毫米，体、翅淡绿色，前后翅外缘有黑色宽带，前翅黑带中有淡绿色斑列，后翅黑带间为淡绿色带。后翅两尾呈剪形突出，黑褐色，二尾蛱蝶前后翅斑纹酷似弓箭图形，故又称为“弓箭蝶”。

寄主：山合欢、颔垂豆、山黄麻。

分布：中国河北、山东、山西、陕西、河南、甘肃、湖北、江苏、浙江、江西、福建、贵州、重庆、四川、云南、广西、广东、台湾；印度、缅甸、泰国、越南。

二尾蛱蝶♂

白带螯蛱蝶♂ 白带螯蛱蝶♂

白带螯蛱蝶♀ 白带螯蛱蝶♀

17.白带螯蛱蝶 *Charaxes bernardus* (Fabricius)

采集地：缙云山金果园。

采集海拔：240～950米。

采集时间：7～10月。

栖息地：农田、果园。

特征：翅展62～78毫米，翅正面红棕色或黄褐色，反面棕褐色。雄蝶前翅有很宽的黑色外缘带，中区有白色横带。后翅亚外缘有黑带，自前缘向后逐渐变窄，第3中脉突出成齿状。反面前翅中室内有3条短黑线，后翅在1列小白点的外侧有小黑点，斑纹同正面，但颜色浅。雌蝶前翅正面白色宽带伸到近前缘，外侧多1列白色点；后翅中域前半部分也有白色宽带，黑色宽带内有白点列，第3中脉突出成棒状。翅反面中线内侧有许多细黑线。本种色彩和斑纹多变化，尤其是雌蝶。飞行速度是蝶中最高之一。雄蝶具极强的地域性行为，且长时间在树梢守候雌蝶出现。若遇其他蝴蝶等昆虫入侵，会驱赶甚至用身体撞击。

寄主：樟、油樟、浙江樟、降真香、海红豆、南洋楹等。

分布：中国、重庆、四川、云南、浙江、江西、湖南、福建、广东、海南、香港；斯里兰卡、印度、缅甸、泰国、马来西亚、新加坡、印度尼西亚、澳大利亚、菲律宾等。

18.柳紫闪蛱蝶 *Apatura ilia* (Denis & Schiffermüller)

采集地：缙云山三花石。

采集海拔：260～320米。

采集时间：8～9月。

栖息地：居民区、农田、阔叶林。

特征：翅展59～64毫米，翅黑褐色或黄褐色，翅面具强烈的紫色闪光。前翅约有10个白斑，中室内有4个黑点；反面有1个黑色蓝瞳眼斑，围有棕色眶。后翅中央有1条白色横带，并有1个与域前翅相似的小眼斑。反面白色带上端很宽，下端尖削成楔形带，中室端部尖出显著。

寄主：杨、柳科植物。

分布：中国黑龙江、辽宁、吉林、河北、甘肃、青海、山西、陕西、新疆、山东、河南、浙江、江苏、福建、重庆、四川、云南；朝鲜及欧洲大部。

柳紫闪蛱蝶♂

柳紫闪蛱蝶♂

柳紫闪蛱蝶♂

黑脉蛱蝶♂

19.黑脉蛱蝶 *Hestina assimilis* (Linnaeus)

采集地：北温泉三花石。

采集海拔：320～950米。

采集时间：5～7月。

栖息地：居民区、农田、阔叶林。

特征：翅展70～90毫米，翅正面淡蓝绿色，脉纹黑色，前翅有多条横黑纹，留出淡蓝绿的底色酷似斑纹；后翅亚外缘后半部有4～5个红斑，斑内有黑点。

寄主：朴树。

分布：中国黑龙江、辽宁、河北、山西、山东、河南、陕西、甘肃、贵州、浙江、福建、广东、广西、湖北、湖南、江西、重庆、四川、云南、西藏、台湾；朝鲜、日本。

20.拟斑脉蛱蝶 *Hestina persimilis* Westwood

采集地点：缙云山。

采集海拔：240～950米。

采集时间：8～10月。

栖息地：居民区、农田、阔叶林。

特征：翅展60～65毫米，翅淡绿白色，脉纹黑色。前翅有几条横带，留出淡绿部分成斑状。后翅亚缘有黑色小眼斑。

分布：中国重庆、河北、陕西、河南、福建、浙江、台湾；日本、朝鲜、印度。

拟斑脉蛱蝶♂

拟斑脉蛱蝶♂

拟斑脉蛱蝶♂

秀蛱蝶♂

秀蛱蝶♂

秀蛱蝶♂

21.秀蛱蝶 *Pseudergolis wedah* (Kollar)

采集地：澄江运河。

采集海拔：220～950米。

采集时间：7～9月。

栖息地：溪谷、灌丛。

特征：翅展50～56毫米，翅正面赭色，前后翅中室各有2个肾型环纹。翅反面为暗褐色，外缘细线，锯齿状，两边淡紫色，中间有两条黑褐色波状宽带。

分布：中国陕西、湖北、重庆、四川、云南、西藏；印度、缅甸。

斐豹蛱蝶♀　斐豹蛱蝶♀　斐豹蛱蝶♀　斐豹蛱蝶♂

22.斐豹蛱蝶 *Argyreus hyperbius* (Linnaeus)

采集地：澄江运河。

采集海拔：230～950米。

采集时间：6～10月。

栖息地：农田、草地。

特征：翅展65～75毫米，雌雄异型。雄蝶翅橙黄色，后翅外缘黑色具蓝白色细弧纹，翅面有黑色圆点。雌蝶前翅端半部黑紫色，其中有1条白色斜带。反面斑纹和颜色与正面有很大差异：前翅顶角暗绿色有小白斑，后翅斑纹暗绿色。

寄主：堇菜类地丁、犁头草。

分布：中国各省；日本、朝鲜、菲律宾、印度尼西亚、缅甸、泰国、不丹、尼泊尔、阿富汗、印度、巴基斯坦、孟加拉、斯里兰卡等。

23.青豹蛱蝶 *Damora sagana* (Doubleday)

采集地：缙云山焦泥湾。

采集海拔：280～320米。

采集时间：6～7月。

栖息地：农田。

特征：翅展75～80毫米，雌雄异型。雄蝶翅橙黄色，前翅前缘中室外侧有一近三角形橙色无斑区；后翅中央“<”形黑纹外侧，也有1条较宽的橙色无斑区。雌蝶翅青黑色，中室内外各有1个长方形大白斑，后翅沿外缘有1列三角形白斑，中部有1条白宽带。雄蝶前翅反面淡黄色，后翅亚外缘2列暗褐色斑均为圆形，中央2条细线纹在中室下脉处合为1条。雌蝶前翅反面顶角绿褐色，斑纹与正面近同；后翅缘褐色，亚外缘有1列三角形白斑，内侧有5个小白点，围有暗褐色环，中部有1条在中段以后内弯的白色亚横带，其内侧1条白色细线下端在中室后脉处与宽带相连。

青豹蛱蝶♂（正面）

寄主：堇菜科植物。

分布：中国黑龙江、吉林、陕西、河南、浙江、福建、广西、重庆、四川；日本、朝鲜、蒙古、俄罗斯。

青豹蛱蝶♀（正面）　青豹蛱蝶♀（反面）

嘉翠蛱蝶♂♀（郑利梅 摄）

嘉翠蛱蝶♂♀（郑利梅 摄）

24.嘉翠蛱蝶 *Euthalia kardama* (Moore)

采集地：缙云山杉木园。

采集海拔：750～950米。

采集时间：7～9月。

栖息地：阔叶林。

特征：翅展82～85毫米，翅绿褐色，颜色特别深。前后翅外缘第3中脉处较突出，前翅顶角不尖，斜斑列白色，略呈绿色，有黑色边缘线，第2肘脉室有2个小斑。后缘白斑列的前面2个斑大，轮廓模糊，其余均小而轮廓明显，翅反面绿白色至灰褐色。

寄主：棕榈。

分布：中国重庆、四川、云南、陕西、浙江、福建。

25.残锷线蛱蝶 *Limenitis sulpitia* (Cramer)

采集地：缙云山焦泥湾。

采集海拔：230～650米。

采集时间：6～10月。

栖息地：农林、灌丛。

特征：翅展53～68毫米，翅正面黑褐色，斑纹白色，前翅中室内剑眉状纹在2/3处残缺；前翅中横斑呈弧形排列，后翅中横极倾斜，到达翅后缘的1/3处；亚缘带的大部分与横带平行，不与翅的外缘平行。翅反面红褐色，除白色斑外有黑色的斑点，还有白色外缘线。

分布：中国海南、广东、广西、湖北、江西、浙江、福建、河南、重庆、四川、台湾；越南、缅甸、印度。

残锷线蛱蝶♂　残锷线蛱蝶♂　残锷线蛱蝶♀

残锷线蛱蝶♂

虬眉带蛱蝶♂

虬眉带蛱蝶♂

26.虬眉带蛱蝶 *Athyma opalina* (Kollar)

采集地：澄江运河。

采集海拔：240～280米。

采集时间：8～9月。

栖息地：溪谷、灌丛。

特征：翅展52～58毫米，翅正面黑褐色，斑纹白色，前翅中室内条纹断成4段。后翅中横带前宽后窄，外横带显著。反面红褐色，后翅肩区比正面多1条白纹。

分布：中国广东、海南、福建、浙江、台湾、江西、重庆、四川、云南、西藏、河南；印度、缅甸、尼泊尔。

珂环蛱蝶♂

珂环蛱蝶♂

珂环蛱蝶♂

27.珂环蛱蝶 *Neptis clinia* Moore

采集地：缙云山。

采集海拔：260～860米。

采集时间：5～6月。

栖息地：溪谷、灌丛。

特征：翅展55～57毫米，翅正面黑色，斑纹乳白色。前翅缘毛在第4、5径脉室暗褐色，下外带第1肘脉室至第3中脉室及上外带第1中脉室斑的内缘不在一直线上。中室条与室侧条相距很近，上外带第2、4、5径脉、第1中脉室白斑的外缘连接，弧形弯曲。后翅中带幅宽一致。

分布：中国重庆、四川、西藏、云南、海南、福建、浙江等；印度、缅甸、越南、马来西亚。

28.小环蛱蝶 *Neptis sappho* (Pallas)

采集地：澄江运河。

采集海拔：240～280米。

采集时间：8～9月。

栖息地：溪边灌丛。

特征：翅展36～47毫米，翅正面黑色，斑纹白色，前翅中室有1条白色纵纹，断续状。后翅中带约等宽，外侧带被深色翅脉隔开。翅反面棕红色，白色斑纹外缘无黑色外围线。飞行缓慢，喜滑翔。

寄主：胡枝子、香豌豆、大山黧豆、五脉山黧豆等植物。

分布：中国东北地区、河南、陕西、重庆、四川、台湾、北京等；日本、朝鲜、缅甸、泰国、印度、俄罗斯、东欧。

小环蛱蝶♂

小环蛱蝶♂

小环蛱蝶♂

中环蛱蝶♀

中环蛱蝶♀

中环蛱蝶♀

29.中环蛱蝶 *Neptis hylas* (Linnaeus)

采集地：缙云山焦泥湾。

采集海拔：260～350米。

采集时间：7～9月。

栖息地：农田、果园、溪边、灌丛。

特征：翅展48～56毫米，体背面黑色，腹面苍黄色。触角顶端黄色。翅正面黑褐色，斑纹白色，外缘波状并有白色缘毛。翅展开时显示3列由大小斑纹组成并两翅相连的白色带。前翅中室内有1条长形纵带，其前方有1个箭头状斑纹。翅反面黄色或黄褐色，斑纹清晰，周缘有明显的黑线围绕。

寄主：蝶形花科、豆科、榆科、蔷薇科植物。

分布：中国广东、海南、广西、台湾、云南、重庆、四川、陕西、河南、香港；印度、缅甸、越南、马来西亚、印度尼西亚等。

枯叶蛱蝶♂（正面）（郎嵩云 摄）

枯叶蛱蝶♂（反面）（郎嵩云 摄）

30.枯叶蛱蝶 *Kallima inachus* (Doyère)

采集地：澄江溪沟。

采集海拔：260～780米。

采集时间：7～8月。

栖息地：林下、灌丛。

特征：翅展74～82毫米，翅面褐色或紫褐色，有藏蓝色或蓝色光泽。前翅中域有1条横贯翅面的橘黄色宽带，亚顶部有1个小白斑，中区有1个小透明斑。后翅大部分紫色，后缘区灰白。翅腹面枯叶色，静息时从前翅顶角至后翅臀角有1条连贯的明显的深褐色纵线纹，纵纹两侧有几条斜线纹，极似叶脉。翅反面的色泽线纹因个体和季节不同而有差异，但不脱离枯叶状。雌雄外观近似，雄蝶翅腹面颜色较深，雌蝶翅色较淡，翅端较雄蝶尖锐外弯。

寄主：爵床科台湾鳞球花、马兰等植物。

分布：中国陕西、重庆、四川、江西、湖南、浙江、福建、广东、广西、云南、西藏南部、海南、台湾；日本、越南、缅甸、泰国、印度。

31.幻紫斑蛱蝶 *Hypolimnas bolina* (Linnaeus)

采集地：澄江运河。

采集海拔：240～260米。

采集时间：7～10月。

栖息地：农田、灌丛。

特征：翅展72～85毫米，雄蝶黑紫色，翅背面呈黑色，前后翅中间有金属蓝的色彩，雌蝶的金属蓝鳞片只限于前翅。反面呈褐色，外缘有2列白斑。

分布：中国浙江、江西、福建、广东、广西、重庆、四川、台湾、香港；巴基斯坦、印度、缅甸、泰国、马来西亚、印度尼西亚等。

幻紫斑蛱蝶♂

大红蛱蝶♀
大红蛱蝶♂
大红蛱蝶♂
大红蛱蝶♀

32.大红蛱蝶 *Vanessa indica* (Herbst)

采集地：澄江运河。

采集海拔：220～950米。

采集时间：1～12月。

栖息地：居民区、灌丛、农田。

特征：翅展48～56毫米，翅黑褐色，外缘波状。前翅呈角状，翅顶角有几个白色小点，亚顶角斜列4个白斑，中央有1条宽的不规则斜带。后翅暗褐色，外缘红色，内有1列黑色斑。前翅反面顶角茶褐色，前缘中部有蓝色细横纹；后翅反面有茶褐色云状斑纹，外缘有4枚模糊的眼斑。

寄主：苎麻、密花苎麻、黄麻、大麻、荨麻、异叶蝎子草。

分布：中国广泛分布；亚洲东部、欧洲、非洲西北部。

33.小红蛱蝶 *Vanessa cardui* (Linnaeus)

采集地：澄江溪沟。

采集海拔：220～450米。

采集时间：1～12月。

栖息地：农田、灌草丛。

特征：翅展45～48毫米，翅背面橘色、褐色；翅端黑色，有明显的白带和小白点。翅腹面颜色暗淡，褐或灰色。与大红蛱蝶的区别是前翅顶角附近有几个小白斑，翅中域有红黄色不规则横带；而后翅基部与前缘同样密生黄色鳞片。

寄主：菊科、紫草科、锦葵科、豆科、马鞭草科、蔷薇科、蓼科、伞形科、鼠李科、蓟类、荨麻和牛舌草等植物。

分布：除南美洲以外，全世界分布。

小红蛱蝶 正面♂

34.琉璃蛱蝶 *Kaniska canace* (Linnaeus)

采集地：澄江运河。

采集海拔：220～950米。

采集时间：3～12月。

栖息地：居民区、阔叶林下、农田、溪谷。

特征：翅展56～66毫米，翅正面深蓝黑色，亚顶端有一个白斑；具1条淡水蓝色带状斑纹，贯穿上、下翅，在前翅呈"Y"状；翅反面斑纹杂乱，以黑褐色为主，下翅中央有1枚小白点。雌雄差异不明显。

寄主：拔葜。

分布：中国广泛分布；朝鲜、日本、印度、阿富汗、缅甸、泰国、越南、马来西亚、印度尼西亚、菲律宾。

琉璃蛱蝶♂

琉璃蛱蝶♀

琉璃蛱蝶♀

黄钩蛱蝶♀（春型）　黄钩蛱蝶♂（夏型）　黄钩蛱蝶♀（春型）

黄钩蛱蝶♂（夏型）　黄钩蛱蝶♀♂

35.黄钩蛱蝶 *Polygonia c-aureum* (Linnaeus)

采集地：缙云山、澄江。

采集海拔：220～950米。

采集时间：1～12月。

栖息地：农田、果园、溪边、灌丛。

特征：翅展48～60毫米，有春型和秋型，颜色和外形差异较大。春型翅黄褐色，秋型翅红色，反面秋型黑褐色。双翅外缘的角突顶端，春型稍尖，秋型尖锐。后翅反面均有“L”形黄色纹，秋型尤为突出。

寄主：榆、梨、荨麻等。

分布：中国除西藏外广布；朝鲜、蒙古、日本、越南、俄罗斯。

36.美眼蛱蝶 *Junonia almana* (Linnaeus)

采集地：缙云山焦泥湾。

采集海拔：220～950米。

采集时间：2～12月。

栖息地：农田、沟谷、灌草丛。

特征：翅展46～54毫米，翅正面橙红色，反面橙黄色。前后翅外缘各有3条黑褐色波状线，翅面各有1大2小眼状斑；前翅下方1个大的，上方2个小的眼状斑相连；后翅上方有1个跨两室大斑，下面1个斑较小，雌蝶只呈小线圈。春型翅反面各眼状纹大小区别不太明显，秋型反面褐色，无眼状斑。

寄主：车前草科的车前、大车前；玄参科的水丁黄、泥花草、金鱼草；野牡丹科的金锦香属等。

分布：中国河北、河南、陕西、西藏、云南、重庆、四川、湖北、湖南、江苏、浙江、福建、江西、广东、广西、海南、台湾、香港；日本、南亚及东南亚各国。

美眼蛱蝶♂（春型）　美眼蛱蝶♀（春型）

美眼蛱蝶♀（春型）

美眼蛱蝶♂（夏型）

美眼蛱蝶♂（夏型）

美眼蛱蝶♂（夏型）

翠蓝眼蛱蝶♂

翠蓝眼蛱蝶♂

37.翠蓝眼蛱蝶 *Junonia orithya* (Linnaeus)

采集地：澄江运河。

采集海拔：220～350米。

采集时间：6～11月。

栖息地：草地、农田。

特征：翅展48～53毫米，雄蝶前翅基部藏青色，后翅除后缘外，大部分呈宝蓝色；前翅前端有白色斜带，前后翅各有2个眼状斑，外缘灰黄色。雌蝶基部深褐色，眼状斑比雄蝶大而醒目。

寄主：水蓑衣属，金鱼草等植物。

分布：中国陕西、河南、江西、湖北、湖南、浙江、重庆、四川、云南、广西、广东、福建、台湾、香港；日本、中东、南亚、非洲、北美、南美北部。

翠蓝眼蛱蝶♀

翠蓝眼蛱蝶♂

翠蓝眼蛱蝶♀♂

散纹盛蛱蝶♀

散纹盛蛱蝶♀

散纹盛蛱蝶♀

散纹盛蛱蝶♀

38.散纹盛蛱蝶 *Symbrenthia lilaea* (Hewitson)

采集地: 澄江溪沟。

采集海拔: 260～950米。

采集时间: 4～11月。

栖息地: 沟谷、农田。

特征: 翅展40～48毫米, 翅正面黑色, 有黄色斑。成蝶停栖时, 黄色斑呈3条线状, 故又称为黄三线蛱蝶。

寄主: 荨麻科苎麻、水麻等植物。

分布: 中国江西、福建、广东、海南、广西、云南、重庆、四川、台湾等; 印度及东南亚各国。

39.苎麻珍蝶 *Acraea issoria* (Hübner)

采集地: 缙云山黛湖。

采集海拔: 240～950米。

采集时间: 5月, 9～10月。

栖息地: 林下灌草丛。

特征: 翅展60～70毫米, 翅褐黄色, 外缘有宽黑色带, 嵌有灰白色斑点。雄蝶前翅中室端有1条横纹, 雌蝶在端纹内外各有1条横纹, 后缘还有1个孤立黑斑。反面后翅外缘三角形斑内侧有1条红色窄带。

寄主: 荨麻、苎麻。

分布: 中国浙江、福建、江西、河南、湖北、湖南、重庆、四川、云南、西藏、广东、广西、海南、台湾; 印度、缅甸、泰国、越南、印度尼西亚、菲律宾。

苎麻珍蝶♂

参考文献

[1]Lang, SY. . The Nymphalidae of China (Lepidoptera, Rhopalocera). Part I[M]. Pardubice, Czech Republic: Tshikolovets Publications, 2012,456 pp., 41+4+28 pls. [郎嵩云. 中国蛱蝶科志. 第1卷. 捷克]

[2] 丁佳佳 . 缙云山自然保护区蝴蝶群落生态学研究[D] . 重庆大学硕士论文 , 2010 : 1-56 .

[3] 丁佳佳 , 邓合黎 , 袁兴中 , 等 . 缙云山国家级自然保护区蝴蝶生态学研究[J] . 资源开发与市场 , 2010 , 26 (6) : 550-552 , 566 .

[4] 侯江 . 中国西部科学院研究[M] . 北京 : 中央文献出版社 , 2012 : 1-299 .

[5] 李树恒 . 重庆市凤蝶科昆虫地理分布的聚类研究[J] . 四川动物 , 2001 , 20 (4) : 201-204 .

[6] 李树恒 . 重庆蝶类区系与地理区划的探讨[J] . 西南农业大学学报 , 2002 , 24 (6) : 542-545 .

[7] 李树恒 . 重庆市珍稀蝶类保护对策[J] . 四川动物 , 2003 , 22 (2) : 61-63 .

[8] 李树恒.重庆市缙云山自然保护区蝶类的多样性[M]//周光召 . 自然科学与博物馆研究 （第三卷）. 北京 : 高等教育出版社 , 2007 : 49-55 .

[9] 李树恒 , 侯江 . 北碚地区的蝶类[J] . 重庆师范学院学报 (自然科学版) , 1995 , 12 (1) : 69-78 .

[10] 李树恒 , 刘文萍 , 邓合黎 . 三峡库区蝶类的生态地理分布[J] . 西南农业大学学报 , 2001 , 23 (5) : 474-477 .

[11] 李树恒 , 万继扬 , 邵卫 . 重庆市蝶类区系组成研究[J] . 西南农业大学学报 , 1998 , 20 (2) : 178-184 .

[12] 刘文萍 . 重庆市蝶类调查报告 (Ⅰ) 凤蝶科、绢蝶科、粉蝶科、眼蝶科、蛱蝶科[J] . 西南农业大学学报 , 2001 , 23 (6) : 489-497 .

[13] 刘文萍 . 重庆市蝶类调查报告 (Ⅱ) 珍蝶科、喙蝶科、蚬蝶科、灰蝶科、弄蝶科[J] . 西南农业大学学报 , 2002 , 24 (4) : 293-298 .

[14] 刘文萍 , 邓合黎 , 李树恒 . 三峡库区蝶类调查报告[J] . 西南农业大学学报 , 2000 , 22 (6) : 501-506 , 509 .

[15] 刘文萍 , 李健 , 侯江 . 重庆自然博物馆馆藏蝴蝶标本名录[J] . 野生动物 , 2010 , 31 (4) : 209-214 .

[16] 王敏 , 范骁凌 . 中国灰蝶志[M] . 郑州 : 河南科学技术出版社 , 2002 : 1-440 .

[17] 晏华 . 沿城市生境梯度的蝴蝶群落生态学研究[D] . 重庆大学硕士论文 , 2006 : 1-63 .

[18] 晏华 , 袁兴中 , 刘文萍 , 等 . 城市化对蝴蝶多样性的影响 : 以重庆市为例[J] . 生物多样性 , 2006 , 14 (3) : 216-222 .

[19] 周尧 . 中国蝶类志 (修订本) [M] . 郑州 : 河南科学技术出版社 , 1994 : 1-854 .

[20] 周尧 . 中国蝴蝶分类与鉴定[M] . 郑州 : 河南科学技术出版社 , 1998 : 1-349 .

[21] 左自途 . 重庆市都市区 “三山” 蝴蝶生态学研究[D] . 重庆大学硕士论文 , 2008 : 1-73 .

缙云山蝶类名录

种类名称	来源	
	采集	文献
1. 弄蝶科 Hesperiidae		
1.1. 无趾弄蝶 *Hasora anura* de Nicéville		√
1.2. 绿弄蝶 *Choaspes benjamini* (Guérin-Méneville)	√	√
1.3. 双带弄蝶 *Lobocla bifasciata* (Bremer & Grey)		√
1.4. 黑边裙弄蝶 *Tagiades menaka* (Moore)	√	
1.5. 北方花弄蝶 *Pyrgus alveus* (Hübner)	√	√
1.6. 曲纹袖弄蝶 *Notocrypta curvifascia* (Felder & Felder)	√	√
1.7. 腌翅弄蝶 *Astictopterus jama* (Felder & Felder)	√	√
1.8. 独子酣弄蝶 *Halpe homolea* (Hewitson)	√	√
1.9. 刺胫弄蝶 *Baoris farri* (Moore)	√	√
1.10. 拟籼弄蝶 *Pseudoborbo bevani* (Moore)	√	√
1.11. 无斑珂弄蝶 *Caltoris bromus* (Leech)	√	√
1.12. 放踵珂弄蝶 *Caltoris cahira* (Moore)	√	√
1.13. 方斑珂弄蝶 *Caltoris cornasa* (Hewitson)		√
1.14. 直纹稻弄蝶 *Parnara guttata* (Bremer & Grey)	√	√
1.15. 曲纹稻弄蝶 *Parnara ganga* Evans	√	√
1.16. 幺纹稻弄蝶 *Parnara bada* (Moore)	√	√
1.17. 中华谷弄蝶 *Pelopidas sinensis* (Mabille)	√	√
1.18. 南亚谷弄蝶 *Pelopidas agna* (Moore)		√
1.19. 隐纹谷弄蝶 *Pelopidas mathias* (Fabricius)		√
1.20. 刺纹孔弄蝶 *Polytremis zina* (Evans)		√
1.21. 黄纹孔弄蝶*Polytremis lubricans* (Herrich-Schäffer)	√	√
1.22. 小赭弄蝶 *Ochlodes venata* (Bremer & Grey)		√
1.23. 白斑赭弄蝶 *Ochlodes subhyalina* (Bremer & Grey)		√
1.24. 黄斑蕉弄蝶 *Erionota torus* Evans	√	√
1.25. 孔子黄室弄蝶 *Potanthus confucius* (Felder & Felder)	√	√
1.26. 直纹黄室弄蝶 *Potanthus rectifasciatus* (Felder & Felder)		√
1.27. 紫翅长标弄蝶 *Telicota augias* (Linnaeus)	√	

种类名称	来源	
	采集	文献
1.28. 红翅长标弄蝶 *Telicota ancilla* (Herrich-Schäffer)	√	
2. 凤蝶科 Papilionidae		
2.29. 红珠凤蝶 *Pachliopta aristolochiae* (Fabricius)	√	√
2.30. 褐斑凤蝶 *Chilasa agestor* Gray		√
2.31. 小黑斑凤蝶 *Chilasa epycides* (Hewitson)	√	√
2.32. 美凤蝶 *Papilio memnon* Linnaeus	√	√
2.33. 蓝凤蝶 *Papilio protenor* Cramer	√	√
2.34. 玉带凤蝶 *Papilio polytes* Linnaeus	√	√
2.35. 玉斑凤蝶 *Papilio helenus* Linnaeus		√
2.36. 巴黎翠凤蝶 *Papilio paris* Linnaeus	√	
2.37. 碧凤蝶 *Papilio bianor* Cramer	√	√
2.38. 金凤蝶 *Papilio machaon* Linnaeus	√	√
2.39. 柑橘凤蝶 *Papilio xuthus* Linnaeus	√	√
2.40. 青凤蝶 *Graphium sarpedon* (Linnaeus)	√	√
2.41. 碎斑青凤蝶*Graphium chironides* (Honrath)		√
2.42. 黎氏青凤蝶 *Graphium leechi* (Rothschild)	√	√
2.43. 宽带青凤蝶 *Graphium cloanthus* (Westwood)	√	
2.44. 铁木剑凤蝶 *Pazala timur* (Ney)	√	√
2.45. 华夏剑凤蝶 *Pazala mandarina* (Oberthür)		√
3. 粉蝶科 Pieridae		
3.46. 斑缘豆粉蝶 *Colias erate* (Esper)	√	√
3.47. 橙黄豆粉蝶 *Colias fieldii* Ménétriès	√	√
3.48. 宽边黄粉蝶 *Eurema hecabe* (Linnaeus)	√	√
3.49. 钩粉蝶 *Gonepteryx rhamni* (Linnaeus)		√
3.50. 圆翅钩粉蝶*Gonepteryx amintha* Blanchard		√
3.51. 菜粉蝶 *Pieris rapae* (Linnaeus)	√	√
3.52. 东方菜粉蝶 *Pieris canidia* (Sparrman)	√	√
3.53. 暗脉菜粉蝶*Pieris napi* (Linnaeus)		√
3.54. 黑纹粉蝶 *Pieris melete* Ménétriès	√	√
3.55. 飞龙粉蝶 *Talbotia naganum* (Moore)	√	√
3.56. 黄尖襟粉蝶 *Anthocharis scolymus* Butler	√	√

种类名称	来源	
	采集	文献
4. 灰蝶科 Lycaenidae		
4. 57. 波蚬蝶 *Zemeros flegyas* (Cramer)	√	√
4. 58. 银纹尾蚬蝶 *Dodona eugenes* Bates	√	√
4. 59. 蚜灰蝶 *Taraka hamada* (Druce)	√	√
4. 60. 尖翅银灰蝶 *Curetis acuta* Moore	√	
4. 61. 百娆灰蝶 *Arhopala bazala* (Hewitson)	√	
4. 62. 豆粒银线灰蝶 *Spindasis syama* (Horsfield)		√
4. 63. 银线灰蝶 *Spindasis lohita* (Horsfield)	√	√
4. 64. 绿灰蝶 *Artipe eryx* (Linnaeus)	√	
4. 65. 霓纱燕灰蝶 *Rapala nissa* (Kollar)	√	√
4. 66. 生灰蝶 *Sinthusa chandrana* (Moore)	√	√
4. 67. 浓紫彩灰蝶 *Heliophorus ila* (de Nicéville)	√	√
4. 68. 雅灰蝶 *Jamides bochus* Cramer	√	√
4. 69. 咖灰蝶 *Catochrysops strabo* (Fabricius)		√
4. 70. 亮灰蝶 *Lampides boeticus* (Linnaeus)		√
4. 71. 吉灰蝶 *Zizeeria karsandra* (Moore)		√
4. 72. 酢浆灰蝶 *Pseudozizeeria maha* (Kollar)	√	√
4. 73. 毛眼灰蝶 *Zizina otis* (Fabricius)		√
4. 74. 蓝灰蝶 *Everes argiades* (Pallas)		√
4. 75. 长尾蓝灰蝶 *Everes lacturnus* (Godart)	√	√
4. 76. 点玄灰蝶 *Tongeia filicaudis* (Pryer)	√	√
4. 77. 玄灰蝶 *Tongeia fischeri* (Eversmann)		√
4. 78. 竹都玄灰蝶 *Tongeia zuthus* (Leech)		√
4. 79. 白斑妩灰蝶 *Udara albocaerulea* (Moore)	√	√
4. 80. 珍贵妩灰蝶 *Udara dilecta* (Moore)	√	√
4. 81. 琉璃灰蝶 *Celastrina argiola* (Linnaeus)	√	√
4. 82. 大紫琉璃灰蝶 *Celastrina oreas* (Leech)	√	√
4. 83. 曲纹紫灰蝶 *Chilades pandava* (Horsfield)	√	
4. 84. 紫灰蝶 *Chilades lajus* (Stoll)		√
4. 85. 豆灰蝶 *Plebejus argus* (Linnaeus)		√
4. 86. 多眼灰蝶 *Polyommatus erotides* (Staudinger)		√

种类名称	来源	
	采集	文献
5. 蛱蝶科 Nymphalidae		
5. 87. 虎斑蝶 *Danaus genutia* (Cramer)	√	√
5. 88. 啬青斑蝶 *Tirumala septentrionis* (Butler)	√	√
5. 89. 大绢斑蝶 *Parantica sita* (Kollar)	√	√
5. 90. 箭环蝶 *Stichophthalma howqua* (Westwood)	√	√
5. 91. 暮眼蝶 *Melanitis leda* (Linnaeus)		√
5. 92. 睇暮眼蝶 *Melanitis phedima* (Cramer)	√	√
5. 93. 曲纹黛眼蝶 *Lethe chandica* Moore	√	√
5. 94. 白带黛眼蝶 *Lethe confusa* (Aurivillius)	√	√
5. 95. 玉带黛眼蝶 *Lethe verma* Kollar	√	√
5. 96. 连纹黛眼蝶 *Lethe syrcis* (Hewitson)	√	√
5. 97. 边纹黛眼蝶 *Lethe marginalis* (Motschulsky)	√	√
5. 98. 布莱荫眼蝶 *Neope bremeri* (Felder)	√	√
5. 99. 蒙链荫眼蝶 *Neope muirheadii* (Felder)	√	√
5. 100. 小眉眼蝶 *Mycalesis mineus* (Linnaeus)	√	√
5. 101. 稻眉眼蝶 *Mycalesis gotama* Moore	√	√
5. 102. 僧袈眉眼蝶 *Mycalesis sangaica* Butler	√	√
5. 103. 拟稻眉眼蝶 *Mycalesis francisca* (Stoll)	√	√
5. 104. 平顶眉眼蝶 *Mycalesis panthaka* Fruhstorfer		√
5. 105. 密纱眉眼蝶 *Mycalesis misenus* de Nicéville		√
5. 106. 白斑眼蝶 *Penthema adelma* (Felder)	√	√
5. 107. 阿矍眼蝶 *Ypthima argus* Butler	√	
5. 108. 幽矍眼蝶 *Ypthima conjuncta* Leech		√
5. 109. 前雾矍眼蝶 *Ypthima praenubila* Leech	√	√
5. 110. 完壁矍眼蝶 *Ypthima perfecta* Leech	√	√
5. 111. 密纹矍眼蝶 *Ypthima multistriata* Butler		√
5. 112. 天丽矍眼蝶 *Ypthima tiani* Huang & Liu		√
5. 113. 二尾蛱蝶 *Polyura narcaea* (Hewitson)	√	√
5. 114. 白带螯蛱蝶 *Charaxes bernardus* (Fabricius)	√	√
5. 115. 柳紫闪蛱蝶 *Apatura ilia* (Denis & Schiffermüller)	√	√
5. 116. 黑脉蛱蝶 *Hestina assimilis* (Linnaeus)	√	√

种类名称	来源	
	采集	文献
5. 117. 拟斑脉蛱蝶*Hestina persimilis* Westwood	√	√
5. 118. 秀蛱蝶 *Pseudergolis wedah* (Kollar)	√	
5. 119. 素饰蛱蝶 *Stibochiona nicea* (Gray)	√	
5. 120. 绿豹蛱蝶 *Argynnis paphia* (Linnaeus)		√
5. 121. 斐豹蛱蝶 *Argyreus hyperbius* (Linnaeus)	√	√
5. 122. 云豹蛱蝶 *Nephargynnis anadyomene* (Felder & Felder)		√
5. 123. 青豹蛱蝶 *Damora sagana* (Doubleday)	√	√
5. 124. 嘉翠蛱蝶 *Euthalia kardama* (Moore)	√	√
5. 125. 扬眉线蛱蝶 *Limenitis helmanni* Lederer		√
5. 126. 残锷线蛱蝶 *Limenitis sulpitia* (Cramer)	√	√
5. 127. 虬眉带蛱蝶 *Athyma opalina* (Kollar)	√	
5. 128. 珂环蛱蝶 *Neptis clinia* Moore	√	√
5. 129. 小环蛱蝶 *Neptis sappho* (Pallas)	√	√
5. 130. 中环蛱蝶 *Neptis hylas* (Linnaeus)	√	√
5. 131. 耶环蛱蝶*Neptis yerburii* Butler		√
5. 132. 娑环蛱蝶*Neptis soma* Moore		√
5. 133. 链环蛱蝶*Neptis pryeri* Butler		√
5. 134. 枯叶蛱蝶 *Kallima inachus* (Doyère)	√	√
5. 135. 幻紫斑蛱蝶 *Hypolimnas bolina* (Linnaeus)	√	√
5. 136. 大红蛱蝶 *Vanessa indica* (Herbst)	√	√
5. 137. 小红蛱蝶 *Vanessa cardui* (Linnaeus)	√	√
5. 138. 琉璃蛱蝶 *Kaniska canace* (Linnaeus)	√	√
5. 139. 黄钩蛱蝶 *Polygonia c-aureum* (Linnaeus)	√	√
5. 140. 美眼蛱蝶 *Junonia almana* (Linnaeus)	√	√
5. 141. 翠蓝眼蛱蝶 *Junonia orithya* (Linnaeus)	√	√
5. 142. 散纹盛蛱蝶 *Symbrenthia lilaea* (Hewitson)	√	√
5. 143. 苎麻珍蝶 *Acraea issoria* (Hübner)	√	√
5. 144. 朴喙蝶 *Libythea lepita* Moore	√	√

后记 TUSHUO JINYUNSHAN HUDIE

认识傅礁，是在20多年前的重庆自然博物馆。那时，他常来馆请教万继扬、刘文萍、李树恒、邓合黎等诸位研究馆员，学习蝴蝶的采集、制作以及鉴定。我那时刚参加工作不久，在动物部管理无脊椎动物标本，与他一样，对蝴蝶尤感兴趣。一来二往，成了朋友。而今，又成为《图说缙云山蝴蝶》一书的合作者。

傅礁坚韧不拔、好学多问、志向高远，既勤于野外采集，又醉心于蝶艺画，传承蝶艺画“非物质文化遗产”，弘扬民间技艺，创设“石尚蝶艺工作室”于北碚区状元小学，开展艺术与科学相结合的蝴蝶科普活动。所作所为，深为自然学界同仁赞许，因之聚集一批同道人一起编撰《图说缙云山蝴蝶》。

蝴蝶是一种季节性、区域性较强的昆虫，观察它们，有时要等待数月，甚至数年。本书记载的蝴蝶种类，为最新研究记录。所采用的蝴蝶照片，有生态照，也有标本照。本书总结前辈科学工作者的研究成果，积傅礁多年采集的缙云山蝴蝶标本，以及近两年来发现的新纪录。编撰此书，从科普入手，又兼顾科学性，经一年多时间完成。这是全体编写人员共同努力的成果。然错漏之处难免，还望方家指正。

该项工作发自民间，没有专项经费。幸得各方赞助，方能出版。对于那些帮助我们的单位和个人，我们表示由衷的感谢。感谢各位对科学教育事业的大力支持。

侯　江

2014年10月10日于重庆自然博物馆